I0068540

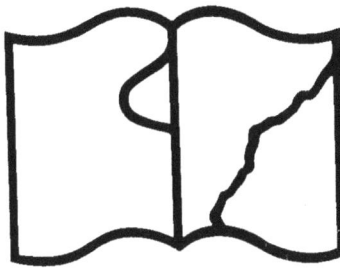

Texte détérioré — reliure défectueuse
NF Z 43-120-11

Contraste insuffisant
NF Z 43-120-14

LE VIGNOLE

DU SERRURIER

COURS DE DESSIN LINÉAIRE

APPLIQUÉ A LA SERRURERIE ET A LA CONSTRUCTION EN FER

DESSINÉ ET GRAVÉ

PAR CHARLES BRIDE

PARIS

THÉODORE LEFÈVRE, ÉDITEUR,

SUCCESSEUR DE J. LANGLUMÉ

5, RUE DES POITEVINS

LE VIGNOLE

DU SERRURIER

SAINT-DENIS. — TYPOGRAPHIE DE A. MOULIN, SUCCESSEUR DE M. DROUARD.

LE VIGNOLE
DU SERRURIER

COURS DE DESSIN LINÉAIRE

APPLIQUÉ A LA SERRURERIE ET A LA CONSTRUCTION EN FER

DESSINÉ ET GRAVÉ

PAR CHARLES BRIDE

PARIS

THÉODORE LEFÈVRE, ÉDITEUR,

Successeur de J. LANGLUMÉ

2, RUE DES POITEVINS

1860

AVERTISSEMENT.

~~~~~~~~~~

Depuis quelques années on a fait paraître un grand nombre d'ouvrages sur le dessin linéaire, mais presque tous étaient spécialement appliqués au dessin des machines.

Il y a beaucoup d'autres branches de l'industrie pour l'étude desquelles le praticien doit connaître le dessin linéaire, soit pour copier ses devanciers, soit pour préparer l'exécution de ses projets.

Dans l'art de la serrurerie, par exemple, il n'existait aucun ouvrage vraiment pratique, et les ouvriers désireux de s'instruire trouvaient difficilement à étudier ce qui leur était utile.

Voulant essayer de combler cette lacune, nous avons réuni dans ce Recueil les principaux travaux de serrurerie et nous nous sommes surtout attachés à ne donner que des modèles qui, quoique nouveaux, aient déjà été reconnus bons par l'expérience; nous les avons pour la plupart copiés d'après nature.

C'est ainsi qu'on trouvera une série des serrures les plus usitées, et notamment celles des meilleurs coffres-forts, les grillages, les ferrures de croisées et persiennes, les fermetures de boutiques en fer, les planchers en fonte; enfin la grande construction en fer qui a fait tant de progrès dans ces dernières années.

Nous avons consacré quelques planches à l'outillage.

Enfin, pour ne rien négliger et pour mettre notre ouvrage au niveau des progrès actuels de la serrurie, nous avons consulté les gens spéciaux qui se sont mis à notre disposition avec une grande bienveillance.

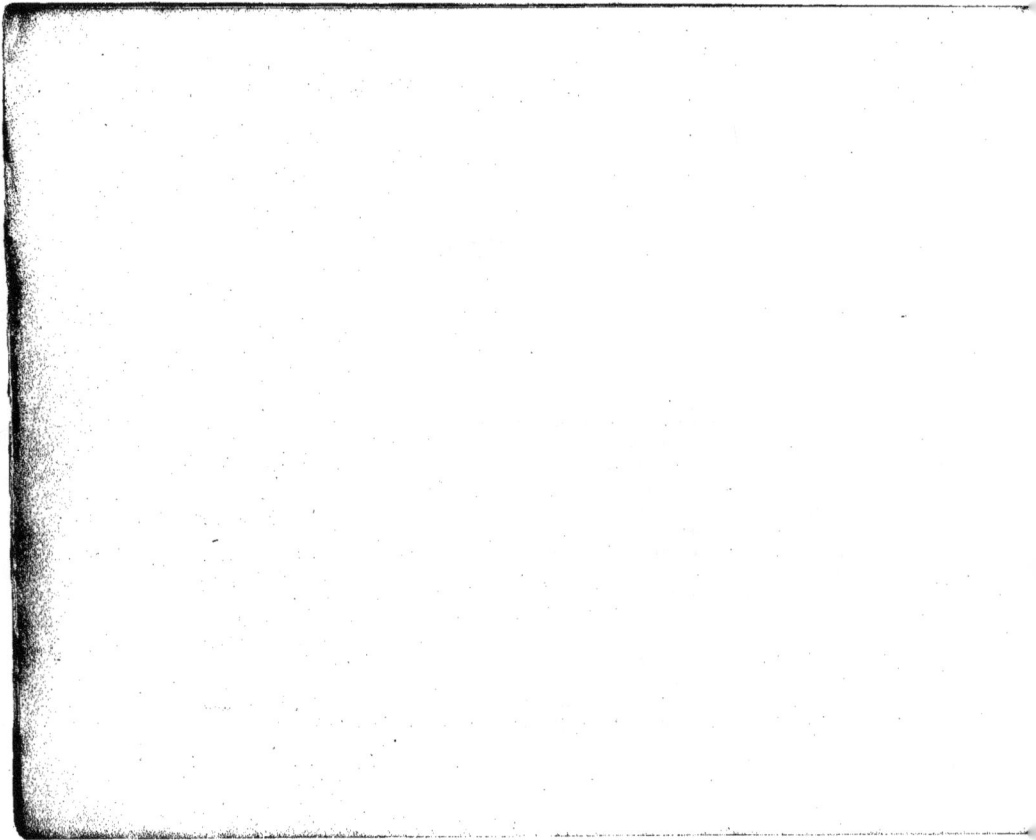

CONSIDÉRATIONS GÉNÉRALES.

Avant de commencer l'explication des planches de ce Recueil, nous allons essayer de donner quelques détails sur la matière première qui sert dans la combinaison des principaux ouvrages dont on trouvera ici les modèles. Nous voulons parler du fer.

Le fer est la plus forte des matières que l'on emploie dans la construction des édifices. Dans l'antiquité on ne le regardait que comme une matière propre à relier entre elles les principales parties du bâtiment; depuis lors et surtout depuis quelques années, on s'est efforcé d'étudier avec soin la qualité de ce précieux métal. On est arrivé à reconnaître que le fer joignait à la force qui lui est propre une grande légèreté, deux conditions qu'aucun corps n'avait pu réunir jusqu'alors, et son application à quelques constructions a prouvé que l'on pouvait obtenir des travaux moins coûteux et plus solides qu'avec les autres matériaux employés jusqu'à ce jour.

L'oxydation a été pendant longtemps un des principaux motifs qui empêchèrent de se servir du fer; la rouille, en augmentant son volume, faisait éclater les pierres dans lesquelles il adhérait. Pour remédier à ce mal, il s'agissait de rendre le fer inaccessible à l'humidité, qui en était la cause principale.

En Allemagne, pour préserver de l'oxydation les fers qui doivent se trouver en contact avec l'humidité, on les enduit de graisse, quelquefois aussi de goudron, de cire ou de vernis. En France, le préservatif jusqu'ici reconnu le meilleur est la peinture à l'huile.

Un grand nombre de praticiens prétendent que la bonne ou mauvaise qualité du fer tient plutôt de la manière de le travailler que de la mine d'où on le tire; d'après eux, en chauffant peu le fer et en le forgeant beaucoup, on lui donne plus de nerf.

On peut reconnaître la qualité du fer en le rompant; si la cassure paraît brillante et formée de grandes paillettes, c'est un fer aigre qui est très-dur à la lime et difficile à forger tant à chaud qu'à froid. Il ne peut guère être employé que pour de grosses pièces qui n'ont à résister qu'au frottement.

Si la cassure paraît moins brillante et moins blanche, et que le grain soit moins gros, le fer se chauffera et se forgera mieux; on l'emploie pour beaucoup d'ouvrages, seulement il est encore trop grenu pour ceux où il faut se servir de la lime. Si la cassure est un peu noire et inégale, avec des nerfs qui se déchirent comme lorsqu'on rompt du plomb, c'est un fer très-doux qui se travaille aisément à chaud et à froid, avec le marteau et la lime; seulement il ne peut pas toujours se polir et prend rarement un beau lustre.

Les fers rouverins sont assez pliants et malléables à froid; mais il faut les ménager au feu, car il arrive souvent qu'en les chauffant à blanc, ils se dépècent ensuite sous le marteau et tendent à devenir pailleux.

Enfin, les fers d'Espagne, qui rentrent dans la classe des fers rouverins, sont bons, mais il faut les ménager en les travaillant.

En résumant, on voit que le meilleur fer est celui qui, étant rompu, paraît tout nerf, et le plus mauvais celui dont la cassure est brillante, à paillettes ou gros grains; il tient ses qualités de la nature de la fonte.

D'après les expériences faites, il est reconnu que la force du fer de première qualité est quinze fois plus grande que celle du fer à paillettes ou à gros grains.

On convertit le grain du fer en nerf en le forgeant; mais, comme en raison de son épaisseur il résiste par sa fermeté, il en résulte que le fer ne se trouve pas homogène, que l'extérieur est tout nerf et que l'intérieur est à gros grains. C'est pour cette raison que les fers méplats sont plus forts que les fers carrés.

Il nous faudrait encore parler des propriétés chimiques du fer, de son extraction, de sa préparation et des méthodes qui sont les plus usitées, ainsi que donner quelques détails sur la fabrication de la fonte si répandue à notre époque dans l'industrie et le commerce; mais le plan restreint de notre recueil ne nous permettant pas cette extension, nous renvoyons nos lecteurs à l'ouvrage qui fera suite à celui-ci et qui en sera le complément.

LE VIGNOLE

DU SERRURIER

PLANCHE 1.

Fig. 1. — La ligne droite est le plus court chemin d'un point à un autre.

Fig. 2. — La ligne courbe est celle qui n'est ni droite ni brisée.

Fig. 3. — La ligne brisée est la combinaison de plusieurs lignes droites placées bout à bout.

Fig. 4. — Lorsque deux lignes droites se rencontrent, la quantité plus ou moins grande dont elles sont écartées l'une de l'autre s'appelle angle. Le point de rencontre ou d'intersection des deux droites s'appelle sommet de l'angle, et les deux droites sont les côtés.

Il est bon de remarquer que la grandeur de l'angle ne dépend pas de la longueur des côtés, mais de l'écartement qui existe entre eux.

Fig. 5. — On nomme circonférence une ligne courbe dont tous les points sont également distants d'un point intérieur appelé centre. On nomme cercle la partie de surface comprise entre cette dernière ligne que nous avons appelée circonférence.

Maintenant ces données étant bien établies, comment mesure-t-on un angle?

On divise une circonférence d'un rayon donné en 360 parties égales que l'on appelle degrés, puis on porte cette circonférence (l'on fait ce cercle, pour plus de durée, en métal) sur l'angle que l'on veut mesurer, de façon que le sommet de l'angle corresponde au centre A de la circonférence qui sert de terme de comparaison, et que la ligne A zéro de la circonférence soit placée sur l'un des deux côtés de l'angle. Ceci posé, on voit combien de parties égales ou degrés de la circonférence sont contenus entre les deux côtés de l'angle, et l'on a ainsi mesuré l'angle donné.

Au lieu de prendre un cercle entier en métal, on ne prend qu'un demi-cercle, que l'on nomme usuellement *rapporteur*.

Fig. 4. — Lorsque deux lignes droites se rencontrent de façon que leur écartement soit de 90 parties ou degrés tracés sur la circonférence (fig. 5), l'angle que ces droites forment est appelé angle droit, et ses côtés sont dits perpendiculaires l'un sur l'autre.

Fig. 6. — Tout angle embrassant moins de 90 degrés est nommé angle aigu.

2

Fig. 7. — On nomme angle obtus celui qui embrasse plus de 90 degrés.

On voit qu'il n'y a qu'un angle droit, mais qu'il peut y avoir autant que l'on veut d'angles aigus et obtus.

Fig. 8. — Si l'on veut dessiner un angle à 45 degrés ou moitié de l'angle droit, on construira l'angle droit A B C : du point B comme centre, avec un rayon arbitraire, on décrira l'arc arbitraire A C. De chacun de ces points comme centres, on tracera deux arcs de cercle semblables qui se couperont en un point D. Réunissant D et B par une droite, on aura l'angle DBC = 45° (degrés).

Fig. 9. — Pour dessiner un angle à 60°, après avoir tracé la droite AB, on décrira du point A comme centre avec un rayon arbitraire l'arc BC; on portera sur cet arc, avec le même rayon AB, de B en C, un nouvel arc qui coupe le premier en C. Joignant C et A par une droite, on a l'angle CAB = à 60°.

On nomme surface tout ce qui a les deux dimensions, longeur et largeur.

On nomme triangle toute surface terminée par trois côtés.

Fig. 10. — Le triangle *équilatéral* a ses trois côtés égaux.

Fig. 11. — Le triangle *isocèle* a deux de ses côtés égaux; dans ce triangle le troisième côté est appelé base.

Fig. 12. — Le triangle *scalène* a ses trois côtés inégaux.

Fig. 13. — Le triangle *rectangle* a un de ses angles droit: le côté opposé à l'angle droit est appelé hypothénuse, et les deux côtés qui comprennent l'angle droit peuvent être pris indistinctement comme bases du triangle.

Quand un triangle a un angle obtus, on dit qu'il est obtuangle.

Si tous les angles sont aigus, on dit qu'il est acutangle.

Les triangles fig. 10, 11 et 12 sont acutangles.

PLANCHE 2.

On appelle quadrilatère toute surface terminée par quatre côtés.

Fig. 14. — Le carré est une surface dont les quatre côtés sont égaux, et les angles droits.

Fig. 15. — Les quatre côtés étant égaux, si les angles ne sont pas droits, le quadrilatère prend le nom de *losange*.

Fig. 16. — Le *rectangle* est un quadrilatère dont les angles sont droits, mais les côtés égaux seulement deux à deux.

Fig. 17. — Si les angles ne sont pas droits, les côtés restant égaux et parallèles deux à deux, la surface prend le nom de *parallélogramme*.

Fig. 18. — Le *trapèze* est un quadrilatère dont deux côtés seulement sont parallèles, les deux autres étant quelconques; ces deux côtés parallèles sont appelés bases du trapèze.

Le *pentagone* est une surface limitée par cinq lignes droites.

Fig. 19. — Si les angles et les côtés sont égaux, le pentagone est dit régulier.

Fig. 20. — Si l'une de ces deux conditions manque, le pentagone est appelé irrégulier.

Fig. 21. — L'*hexagone* est une surface limitée par six lignes droites.

Fig. 22. — La construction de l'hexagone est très-simple; on décrit une circonférence, puis d'un point quelconque A pris sur cette circonférence on porte le rayon sur cette courbe autant de fois qu'il peut y être contenu. On obtient ainsi six points : A B C D E F qui, joints deux à deux, donnent les côtés de l'hexagone.

Fig. 23. — On appelle *octogone* une surface limitée par huit lignes droites.

Pour tracer l'octogone, d'un point quelconque O pris comme centre on décrit une circonférence; par ce même point O on mène deux diamètres

AB, CD, perpendiculaires l'un sur l'autre, et joignant les points A, C, B, D deux à deux, on obtient la surface que précédemment nous avons appelée *carré*. Maintenant joignant le milieu de CB avec le centre O, et prolongeant cette droite OE jusqu'à la circonférence, on obtient un point H qui, joint avec les points C et B, donne deux des côtés de l'octogone. On opérerait de même pour obtenir les six autres côtés.

Fig. 24. — On sait qu'en architecture une colonne se compose de trois parties distinctes, savoir : la base, le fût et le chapiteau.

Nous donnons dans la fig. 24 la moitié de la base d'une colonne pour habituer aux raccords de compas.

Le nom de chaque moulure est indiqué sur chaque fig.

Fig. 25. — Pour construire un *talon* ayant la saillie AB et la hauteur BC, on réunira AC par une droite, dont on prendra le milieu D. On élèvera une perpendiculaire au milieu de AD, ainsi qu'au milieu de DC. Les points de rencontre EF sont les centres des deux arcs de cercle que donnent le contour du talon.

Fig. 26. — La *doucine* ayant comme courbure beaucoup d'analogie avec le talon, nous nous bornons à en donner la figure que l'on construira à l'aide des opérations précédemment décrites pour le talon.

PLANCHE 3.

Fig. 27. — La spirale est une courbe qui tourne autour de son centre en s'en éloignant de plus en plus.

Pour la construire on tracera le carré 1, 2, 3, 4, dont on prolongera les côtés comme il est indiqué sur la fig. 27. Du point 1 comme centre, avec un rayon 1 A on décrira le quart de circonférence AB ; du point 2 comme centre, avec 2 B pour rayon, on tracera l'arc BC. On continuera de même pour les points 3 et 4, et l'on reprendra 1, etc., pour faire un deuxième tour.

Fig. 28. — Pour dessiner un ovale, après avoir tracé les deux axes AB et CD, on place arbitrairement les deux points FG à égale distance du point E, et qui seront deux centres de l'ovale. On porte la distance AF de C en H. On réunit HF par une droite, sur le milieu de laquelle on élève une perpendiculaire JI. Le point de rencontre I avec la ligne CD prolongée est le centre de l'arc LCM. Le point K, placé à la distance EI du point E, sera le centre de l'arc NDO.

Fig. 29. — L'ove ou œuf est une courbe qui participe à la fois de l'ovale et du cercle. On trace les deux axes AB et CD du point O de rencontre. Comme centre, on décrit le demi-cercle CAD qui forme la partie supérieure de l'ove. On prend la distance EB, différence des deux axes, et on la porte de C en F sur la diagonale CB. On élève une perpendiculaire G H au milieu de FB. Cette ligne rencontre les axes en deux points H E.

Le premier est le centre de l'arc CJ et le second de l'arc JBK. Si l'on prend la distance OH et qu'on la porte de O en L on obtient le point L, qui est le centre de l'arc KD.

On appelle *Ellipse* une courbe telle que la distance d'un quelconque de ses points à deux points fixes que l'on appelle foyers est une quantité constante.

Fig. 30. — Pour construire une ellipse étant donnés les 2 axes AB et CD et en opérant par la méthode des foyers.

On prend une ouverture de compas AE égale au 1/2 grand axe AB, et du point c comme centre avec AE comme rayon, on décrit l'arc de cercle FfF' qui coupe le grand axe AB en deux points F et F', qui sont les deux foyers de l'ellipse. Ceci trouvé, supposons un point quelconque 1, placé sur le grand axe entre les 2 foyers F et F' et cherchons ses points correspondants sur l'ellipse :

Du point F comme centre avec un rayon égal à 1A on décrit un arc de cercle; du point F' comme centre avec 1B pour rayon ; on décrit un second arc de cercle; ces deux arcs de cercles se coupent en deux points 1' 1" placés symétriquement l'un au-dessus, l'autre au-dessous du grand axe AB qui sont des points de la courbe : on prendra sur le grand axe d'autres points 2, 3, 4, 5 et 6.. ... pour chacun desquels on recommencera l'opération précédente, et l'on obtiendra ainsi un certain nombre de points 1′ — 1″ — 2′ — 2″ — 3′ — 3″ — 4′ — 4″ etc...., par lesquels on fera passer une courbe qui sera l'ellipse demandée.

Fig. 31. — On peut encore construire l'ellipse par la méthode dite des circonférences.

Les 2 axes étant donnés, du point E comme centre avec le demi-petit axe EC pour rayon, on décrit une circonférence, du même point E comme centre avec le demi-grand axe EB pour rayon on décrit une autre circonférence. On obtient ainsi deux circonférences dont les diamètres sont pour chacune d'elles égaux aux axes donnés.

Ces deux circonférences étant obtenues, on divisera l'une d'elles, la plus grande par exemple, en un certain nombre de parties égales ; on joindra les points de division ainsi obtenus 1, 2, 3, 4, 5, etc..., avec le centre commun E.

Ces rayons 1E, 2E, 3E etc..., rencontreront la petite circonférence aux points 1′, 2′, 3′ etc... On mènera alors par les points 1, 2, 3, etc., des lignes verticales ; par les points 1′ 2′, 3′, etc... des lignes horizontales; ces lignes horizontales et verticales se rencontreront aux points 1″, 2″, 3″.... etc., qui seront des points de l'ellipse, et faisant passer une ligne courbe par tous ces points on aura l'ellipse demandée.

PLANCHE 4.

Fig. 32. — Ressort de serrure et bec de canne dit à boudin. Nous trouvons dans cette figure une application du tracé de la spirale (fig. 27). On construira en A, milieu du ressort, la figure 32 bis, dont on prolongera les diagonales jusqu'au cercle extérieur de la spirale ; puis, prenant successivement comme centres les points 1, 2, 3, 4, on tracera à chaque fois un rayon de cercle entre chaque diagonale en prenant pour point de départ le rayon précédemment tracé.

Fig. 33. — Fragment de clef. A, anneau. B, embase, C, tige. Le contour extérieur est une ellipse que l'on déterminera par un des moyens indiqués (fig. 30 et 31). La courbe intérieure se fait avec 10 centres que l'on devra rechercher sur la figure 31 ; les autres détails n'offrent aucune difficulté à dessiner.

Fig. 34. — Vis à tête cylindrique.

Fig. 35. — Vis à tête fraisée.

Fig. 36. — Bouton de porte en olive. La poignée est une ellipse (fig. 30 et 31).

Fig. 37. — Autre bouton de porte. La moulure A est une scotie dont les deux centres sont sur une ligne horizontale.

Fig. 38. — Loqueteau pour vasistas élevé.

Un tirage en fil de fer s'adapte à l'anneau A.

Fig. 39. — Mentonnet du loqueteau précédent.

PLANCHE 5.

Fig. 40. — Charnière. Les trois trous de chaque côté sont sur la même ligne verticale et à la même distance l'un de l'autre.

Fig. 41. — Targette pour porte. Les courbes supérieures et inférieures se font chacune avec trois centres que l'on devra rechercher sur le modèle.

Fig. 42. — Même targette vue de profil. La figure 41 étant dessinée, on trace des horizontales pour les hauteurs des différentes pièces afin que ces pièces soient bien de la même dimension dans les deux figures.

Fig. 43. — Ferme de porte avec bâtis, composée de deux parties : d'un gond de paumelle A et de la pentine B. Le mamelon A appartient au gond.

Fig. 44. — Béquille de porte à équerre. Tracer une ligne horizontale et une ligne verticale passant par le milieu des deux côtés de l'équerre; c'est sur ces lignes que se trouvent les centres des cercles. Placer les lignes, qui déterminent les lignes, bien à cheval sur les axes, c'est-à-dire à la même distance à droite et à gauche des lignes d'axes.

Fig. 45. — Verrou à ressort pour porte à deux vantaux.

Fig. 46. — Même verrou vu de profil. Même observation pour le tracé de ce profil que pour celui de la figure 42.

Fig. 47. — Bec de canne. La plaque de dessus ou foncet est enlevée pour laisser voir le mécanisme intérieur; *a,a* palastre, *b,b* cloison. A, pêne demi-tour. B, foliot, bascule à deux branches qui fait mouvoir le pêne. C, ressort a boudin. *c* est une petite équerre destinée à fixer le foncet.

Fig. 48. — Plan de la serrure précédente, la cloison supérieure enlevée. On retrouve dans cette figure le foliot, le pêne et le ressort à boudin. Il faut bien remarquer, en construisant cette figure, de donner la même dimension aux diverses pièces déjà dessinées figure 47.

Fig. 49. — Position du pêne quand le foliot est incliné. Ces deux pièces doivent être semblables à celles de la figure 47, bien qu'elles ne soient pas dans la même position.

Fig. 50. — Foliot vu de côté.

Fig. 51. — Bouton double. Nous avons déjà dessiné un bouton, nous ferons remarquer que la partie carrée *d* de la tige doit avoir la même dimension que le carré *d* du foliot de la figure 47 puisqu'elle doit y entrer à frottement.

PLANCHE 6.

Grillages en fers plats.

Ces grillages, d'une exécution facile en serrurerie, sont à la fois simples, légers et gracieux.

Fig. 52. — Pour dessiner cette figure, on tracera des lignes horizontales aux points 1, 2, 3, etc., et des verticales aux points 1′ 2′, 3′, 4′ et des points A des diagonales aux points B.

Fg. 53. — Tracer des horizontales et des verticales aux points indiqués. Prendre sur le modèle le rayon qui sert à faire tous les cercles dont les centres sont sur les lignes horizontales.

Fig, 54, 55 et 56. — On emploie les mêmes moyens pour dessiner ces figures que pour les précédentes.

PLANCHE 7.

Grillages en fers ronds.

Ce que nous avons dit pour les grillages en fers plats peut se répéter pour ceux-ci. Ils conviennent particulièrement aux bordures de jardins.

Fig. 57 et 58. — Tracer des horizontales et des verticales aux points indiqués; on trouvera facilement les centres des cercles. Bien soigner les raccords.

Fig. 59. — Grande porte à deux vantaux en fer et tôle, composée d'un châssis et traverses en fer carré et de barreaux en fer rond couronnés de têtes de lance en fonte. On devra prolonger les axes des barreaux pour dessiner les fers de lance. Le soubassement de cette porte est revêtu d'une plaque de tôle formant panneau plein.

PLANCHE 8.

Fig. 60. — Colonnes accouplées. Il faut mettre un grand soin en dessinant les bases et les chapiteaux de ces colonnes ; on devra commencer par en tracer les axes. Les petits goujons aa, venus à la fonte, sont destinés à être encastrés dans une plaque de fonte fixée sur la base de pierre.

Fig. 61. — Cette figure indique le système d'accouplement des colonnes précédentes, les plaques de fer a a' ou colliers embrassent les colonnes et sont reliées entre elles par des boulons.

Fig. 62. — Elévation de la figure précédente.

Fig. 63. — Système d'accouplement de quatre colonnes.

Fig. 64. — Étrier en fer pour supporter une poutre en bois.

Fig. 65 et 66. — Tirant en fer, élévation et plan. A tirant, B ancre en fer carré.

Fig. 67. — Bride coudée. A droite, une vue de côté et à gauche la pièce reliant les deux bouts de la bride.

Fig. 68 et 69. — Plate-bande coudée d'arbalétrier et son plan.

Fig. 70. — Deux rangées de colonnes superposées. La plaque qui les relie est en fer et est percée de trous recevant les goujons réunis à la fonte des colonnes.

PLANCHE 9.

Fig. 71. — Serrure de sûreté à gorge mobile. La plaque de dessus (foncet) est enlevée pour laisser voir le mécanisme intérieur. a, a, a, palastre. b, b, cloison. A, gros pêne dormant n'ayant de mouvement que celui qu'il reçoit de la clef. B, gorges en cuivre, les petits ressorts en acier d maintiennent les gorges dans la position horizontale quand la serrure est au repos. C, petit pêne à demi-tour. Ce pêne est poussé par un ressort à boudin enroulé autour de la tige D et est repoussé par la clef quand elle fait un demi-tour. L'extrémité en est toujours taillée en biseau pour que la porte se ferme seule. E, dilateur. F, ressort du dilateur.

Fig. 72. — Position des gorges quand le panneton G de la clef est dans une position verticale. La paillette E, qui fait corps avec le pêne dormant, peut alors passer par les entailles M des gorges.

Fig. 73. — Profil du panneton échancré et des gorges dans la même position que figure 72.

Fig. 74. — Plan du gros pêne dormant et des gorges.

Fig. 75. — Plan du petit pêne, de la tige et de son bouton coudé. Nous avons déjà dessiné le bouton (fig. 37).

PLANCHE 10.

Fig. 76. — Grille en fer à deux vantaux. On trace des verticales passant par les centres des cercles et des horizontales aux mêmes centres et aux diagonales des petits carrés.

Fig. 77. — Grille de cloture. Après avoir tracé les lignes rectilignes on cherchera sur le modèle les centres des fers courbés de la partie supérieure. Quant aux fers de lance on trace leurs axes passant par les barres verticales.

Fig. 78 et 79. — Garde-corps. Après avoir dessiné la fig. 78 on tracera des horizontales pour les différentes hauteurs de la fig. 79.

PLANCHE 11.

Stores.

Fig. 80. — Ensemble général du mécanisme.

Fig. 81. Détail à grande échelle de la partie inférieure où se donne le mouvement.

Au moyen de la clef (fig. 83) on donne un mouvement circulaire à l'arbre a, les deux roues coniques d'engrenage c, d, transforment le mouvement horizontal en un mouvement vertical pour la tige e; deux nouvelles roues f, g, rendent de nouveau le mouvement circulaire au fourreau horizontal sur lequel s'enroule la pièce d'étoffe ou store proprement dit. La branche h tournant autour du point i force l'extrémité du store à s'éloigner de la devanture à mesure qu'il se déroule de dessus le tambour.

Fig. 82. — Vue de face de la fig. 81. On retrouve ici l'arbre carré a, la roue b et le cliquet b'. La roue et le cliquet ont pour objet de maintenir le mécanisme dans la position convenable.

Fig. 83. — Clef. Nous en avons parlé fig. 81.

Fig. 84. — Autre disposition du mécanisme pour le même objet. La devanture étant saillante, il devient nécessaire de briser la tige verticale et d'y adapter le genou indiqué en h.

Fig. 85. — Détails des différentes pièces composant le genou h.

Fig. 86, 87 et 88. — Ces figures représentent les détails de la disposition appliquée en A (fig. 84), disposition qui a beaucoup d'analogie avec celle déjà décrite fig. 80.

Fig. 89. — Charnière détaillée adapté en i (fig. 80 et 84).

PLANCHE 12.

Fig. 90. — Sections transversales des différents fers employés en construction.

A, grand fer à double T anglais; B, grand fer à T simple; C, autre grand fer à double T inégal; D, fer à T ordinaire; E, cornière; F, fer méplat; G, petit fer à triple T; H, fer à double T ordinaire; I, fer renforcé sur le côté; J, grand fer à double T ordinaire.

Toutes ces différentes pièces sont en fer laminé.

Fig. 91. — Poutre double supportée sur une colonne en fonte. Ces poutres, d'un usage général dans les constructions actuelles, se composent de deux fers à double I *aa*, dont l'écartement est maintenu par les deux entretoises *bb* posées en croix. Le boulon *dd* sert à maintenir le tout dans la position voulue pendant la pose du collier *cc*.

La colonne A porte deux oreilles ou consoles BB, venues à la fonte sur lesquelles viennent s'appuyer les fers *aa*.

Fig. 92 et 93. — Système d'attaches des poutres simples sur des colonnes.

On voit (fig. 93) que la partie A de la colonne est ronde, les poutres BB viennent s'y appuyer et y sont fixées par les brides *cc*.

Fig. 94. — Autre poutre double en fer. L'écartement des fers est maintenu ici par une pièce en fonte A, d'une forme particulière ; le collier est le même que fig. 91.

Fig. 95. — Coupe suivant *a b* de la figure précédente.

PLANCHE 13.

Fig. 96. — Serrure d'appartement à pêne dormant, demi-tour à foliot et bouton double.

Nous avons déjà décrit (fig. 17 *et suiv.*) le demi-tour A et le foliot B. La planche C est éloignée de quelques millimètres du palastre et lui est exactement parallèle ; le panneton de la clef doit avoir une échancrure pour le passage de cette planche. D, ressort du demi-tour.

Fig. 97. — Loqueteau à ressort coudé, monté sur platine B, que l'on attache au haut des persiennes à des hauteurs que l'on ne peut pas atteindre avec la main ; c'est en A que se fixe le fil de tirage.

Fig. 98 et 99. — Mouvement de sonnette. Pièce de cuivre ou de fer en forme d'équerre. Au sommet de l'angle A est une broche A sur laquelle pivote toute la pièce. Aux extrémités *cc* s'attachent les fils de fer.

Fig. 100 et 101. — Loqueteau à pompe à boîte en fonte A pour persiennes. Le mécanisme est fort simple et se comprend à la seule inspection de la figure.

Fig. 102. — Chaîne en fil de fer.

Fig. 103 et 104. Chaîne Vaucanson en fer plat. Cette chaîne peut engrener avec une roue dentée.

PLANCHE 14.

Fig. 105. — Serrure dite Sterlin. C'est une des serrures reconnues les plus sûres et les plus solides. Elle a beaucoup d'analogie avec celle représentée *fig.* 74. On y retrouve à peu près les mêmes pièces. Le ressort qui repousse le petit pêne est ici en spirale, et porte à son extrémité libre une petite douille en cuivre pour que le frottement soit plus doux.

Fig. 106. — Le panneton de la clef et sa garniture.

Fig. 107 et 108. — Battant de loquet ; c'est une petite barre plate de fer qui se meut en se levant et se baissant par un bout et qui est fixée de l'autre par une vis sur la porte. Un crampon l'empêche de s'écarter de la porte en lui laissant le jeu nécessaire. Le gros bout entre dans un mentonnet fixé sur le chambranle.

PLANCHE 15.

Crémones.

Les crémones ont remplacé à peu près complétement les espagnolettes, dont la manœuvre était difficile. Elles se composent simplement de deux verrous verticaux mus par une poignée.

Fig. 109. — Vue extérieure de la crémone. A, Bouton en olive. B, Conduit ou guide. C, Petite gâche. Il en existe une semblable au haut. D, Tringle demi-ronde.

Fig. 110, 111, 112. — Crémone ouverte. Les deux boutons a a font corps avec le bouton en olive A (fig. 109) et s'engagent dans les rainures b b de la tringle demi-ronde. Si l'on fait décrire un quart de cercle au bouton A dans le sens de la flèche, tout le système prend la position représentée fig. 111. Si enfin on fait un nouveau quart de tour les tringles D D (fig. 112) se sont encore écartées et leurs extrémités entrent alors suffisamment dans les petites gâches C (fig. 109).

Fig. 113, 114 et 115. — Autre système de crémones qui offre une grande analogie avec le précédent. La manœuvre est identique, c'est toujours un bouton auquel on fait faire un demi-tour, et deux tringles demi-rondes qui s'éloignent l'une de l'autre et entrent chacune dans une gâche fixée en haut et en bas de la croisée.

PLANCHE 16.

Garde-corps économique.

Fig. 116. — Ce garde-corps est construit entièrement avec des fers à T (fig. 120) et des fers plats (fig. 121).

Des fers à T verticaux A, A placés à des distances égales, sont réunis par des fers de même forme placés horizontalement B, B. Ces différentes pièces sont reliées entre elles par des fers plats C, C disposés en croix de Saint-André et dont la grande face est dans le sens horizontal ; aux points où deux de ces fers se rencontrent ils sont chantournés dans le sens vertical pour qu'il soit facile de les réunir par un simple rivet a, a.

Une lisse ou main-courante est placée sur la partie supérieure D.

L'examen des figures fera aisément comprendre ce genre de construction.

Fig. 117. — Détail de construction de la partie X de la fig. 116.

Fig. 118. — Détail de l'assemblage Y de la même figure.

Fig. 119. — Coupe suivant a b de la fig. 118.

Fig. 120 et 121. — Sections transversales de deux genres de fers employés dans cette construction.

PLANCHE 17.

Fermeture de boutique en fer, système à vis breveté, de M. Maillard.

Fig. 122. — Coupe verticale du mécanisme.
Fig. 123. — Devanture de boutique fermée montrant les volets en fer.
Fig. 124. — Plan de la partie du mécanisme qui reçoit le mouvement.
Fig. 125. — Plan de la partie A de la fig. 124.

La fermeture s'opère par de larges feuilles de tôle *a* placées horizontalement. Une vis *b* règne dans toute la hauteur et de chaque côté de la devanture, un écrou C y est engagé et se meut le long de la vis lorsque celle-ci tourne. Enfin, l'écrou est fixé à la première feuille de tôle, qui en suit ainsi tous les mouvements.

On donne un mouvement circulaire à l'axe *e* (fig. 124) au moyen de la poignée *d*. Le volant *f* porte intérieurement un pignon conique engrenant avec le pignon *g*. Une nouvelle transmission s'opère en *h* et fait tourner la vis verticale *b*.

La tige horizontale supérieure *i* reçoit, à son tour, le mouvement par deux pignons, et le communique au côté opposé de la devanture, qui possède le même système de vis et d'écrou fixé sur la même première feuille, à cette différence près que les filets de cette nouvelle vis sont inclinés en sens inverse de la première.

PLANCHE 18.

Détails du système de fermeture Maillard.

Fig. 126. — Coupe des feuilles de tôle la devanture étant ouverte. Ces feuilles glissent à leur extrémité dans des rainures qui se terminent là où chaque feuille doit s'arrêter pendant la descente.

C'est sur la feuille *a* que sont fixés les écrous *c* (fig. 122). Elle porte à sa partie inférieure une équerre *a'* qui, lorsque la feuille *a* remonte par le mouvement de l'écrou, rencontre la feuille *b* et la force à suivre son mouvement ascendant. Les autres sont successivement enlevées par les précédentes.

Fig. 127. — Volant vu de face et sa coupe sur le diamètre. On voit en *g'* le pignon conique intérieur qui engrène avec celui *g*.

Fig. 128. — Détails de la base de la vis, de l'écrou et de la transmission du mouvement.

Fig. 129. — Coupe de la partie A de la pièce précédente. La partie inférieure de la vis est amincie et repose sur une douille d'acier *a* supportée elle-même par la vis *b*.

Fig. 130. — Palier dans lequel tourne l'axe *c* (fig. 124, 127).

PLANCHE 19.

Outillage.

Fig. 131. — Etau. Machine destinée à serrer et fixer les pièces que l'on met entre ses mâchoires pour les travailler. Il se compose de deux fortes jumelles A A réunies par un boulon au point o et dont les extrémités libres sont courbées pour former les mâchoires a a. Une forte vis, dont la tête est traversée par un levier c nommé manivelle, traverse une jumelle pour venir s'engager dans une douille B, qui prend le nom de boîte de l'étau. Un ressort D fait écarter les mâchoires quand on lâche la vis. Enfin une bride E fixe solidement l'étau à l'établi.

Fig. 132. — Filière. Instrument destiné à faire des vis. Il se compose d'une pièce de fer méplat A, nommé cage de la filière, à laquelle sont fixés deux bras de levier a a. Cette cage porte une ouverture rectangulaire où viennent se placer deux coussinets C C portant le pas de la vis. Deux vis D D donnent la pression quand le fer destiné à devenir une vis est engagé entre les coussinets.

Fig. 133. — Marteau à panne. C'est une masse de fer emmanchée d'un bâton. Le marteau, sans avoir égard au manche, se divise en deux parties : la tête a et la panne b.

Fig. 134. — Tenaille à chanfrain. Elle se place dans l'étau pour fixer toutes pièces dont un angle doit être abattu à la lime.

Fig. 135. — Tenaille à boulon ou tenaille de forge.

Fig. 136. — Enclume. Masse de fer sur laquelle on forge. L'enclume repose sur un fort billot scellé dans le sol. A, table aciérée. B, bigornes. C, tranchet. D, corps de l'enclume. E, billot sur lequel l'enclume est posée.

Fig. 137. — Petite presse dite C.

Fig. 138. — Compas d'épaisseur à branches courbes.

Fig. 139. — Clef à écrou ordinaire.

Fig. 140. — Compas à ressort et à boulon.

PLANCHE 20.

Fig. 141 et 142. — Machine à percer. Elle se compose d'une pièce de fonte (potence) A, portant les douilles B B, traversées par la barre cylindrique C scellée au mur, par les tiges à scellement M.

La potence décrit un demi-cercle autour de la tige C, et est maintenue dans une position fixe par les vis bb (fig. 142). La douille cylindrique D est creuse et reçoit le cylindre E, qui y entre à frottement et se meut au moyen de la vis à volant d ; la vis e maintient le cylindre E fixé sur la potence. L'extrémité F est traversée par la vis de pression G, qui appuie sur le trépan H. Le foret s'engage dans la douille h du trépan.

Fig. 143. — Foret en langue d'aspic.

Fig. 144. — Foret à tétion. Avant de se servir de cet outil, on doit percer à la langue d'aspic un petit trou du diamètre du tétion a ; ce trou sert à diriger le tétion pendant le perçage.

Fig. 145. — Drille. Cet instrument n'est guère employé que pour les très-petits trous ; il se compose d'une tige en fer A, portant vers son extrémité une masse de cuivre ou de fer destinée à accélérer le mouvement. La tige A traverse le levier B avec un certain jeu. Aux extrémités du levier s'attache une ficelle qui passe par l'anneau supérieur de la tige A. Si l'on fait faire quelques tours à la tige du porte-foret, la corde s'enroule autour, le levier B monte ; on place les doigts sur le levier, et en appuyant et laissant monter alternativement, on donne un mouvement circulaire alternatif au foret *a*.

Fig. 146. — Porte-foret à boîte. C'est sur la boîte ou poulie A que s'enroule la corde de l'archet.

L'extrémité *a* s'engage dans une plaque de fer nommée conscience que l'on place sur la poitrine et avec laquelle on appuie pour percer.

PLANCHE 21.

Fig. 147. — Tour à pédale. Cet instrument se compose d'un banc solide en bois AA, sur la table duquel se trouve les deux poulies BB et le porte-outil C.

La pièce à tourner est fixée en *c*, le mouvement circulaire lui est donné au moyen de la pédale D, qui fait tourner le volant-poulie *a* par l'intermédiaire de la courroie *d*. Le mouvement circulaire de la roue *a* est communiqué à la poulie *b* par la courroie *b*.

Cet instrument est du reste, si connu que nous ne croyons pas devoir nous étendre plus longuement sur sa construction.

Fig. 148. — Vue par bout du tour du tour. On retrouve le volant *a*, la pédale D, la poupée B et la poulie *b*.

Fig. 149. — Plan de la poupée B.

PLANCHE 22.

Fig. 150. — Plancher en fonte. Les poutres AA reposent d'un côté dans le mur, et de l'autre sur des colonnes de fonte ; elles sont espacées entre elles de 3 mètres [environ et reliées par des entretoises en fer rond *aa*.

Fig. 151 et 152. Extrémité d'une poutre devant être encastrée dans le mur. Les entretoises *b* traversent la poutre et y sont fixées pour la relier avec la poutre suivante.

Fig. 153. — Section transversale d'une poutre.

Fig. 154 et 155. — Extrémité d'une poutre devant s'appuyer sur une colonne *a*. Oreillons servant à fixer deux poutres ensemble, bout à bout, par un anneau elliptique *b*.

Fig. 156. — Coupe d'une colonne et d'une poutre. On voit en *a* le système qui relie les colonnes entre elles.

Fig. 157. — Vue de côté de la figure précédente. Nous retrouvons en *b* l'anneau reliant les deux poutres AA bout à bout.

PLANCHE 23.

Fig. 158. — Charpente en fer supportant une sonnerie. Elle se compose de deux châssis en fer AA, renforcés par une pièce courbée BB et reliés entre eux par des brides *cc*.

Fig. 159. — Plan de la charpente précédente.

On voit dans cette figure que les châssis portent des patins DD qui servent à fixer la charpente sur les poutres E, au moyen de boulons à vis.

Fig. 160. — Chaîne en fer avec assemblage à trait de Jupiter. Plan et élévation. A, clavettes de serrage.

PLANCHE 24.

Fig. 161. — Grande ferme en fer et bois de 20 mètres de portée.

L'arbalétrier A est composé de trois pièces réunies bout à bout : le premier raccord *a* est assemblé à trait de Jupiter, et représenté en détail *fig.* 165; le deuxième *b* est dessiné, *fig.* 166.

La partie inférieure de ce même arbalétrier est reçue et encastrée dans un patin en fonte *c*. Un tirant en fer D relie ensemble les deux sabots opposés. L'écrou *c* règle la tension à donner au tirant D.

Fig. 162. — Détail du sabot C et de l'écrou *c*.

Fig. 163. — Plan du sabot *c* et d'une partie du tirant D.

Fig. 164. — Détail de l'assemblage E.

Fig. 165. — Assemblage *a*. On voit en *d* l'étai destiné à soulager le tirant D.

Fig. 166. — Assemblage *b*.

PLANCHE 25.

Comble en fonte de 12 mètres de portée.

Fig. 167. — Chaque ferme est composée de 6 pièces de fonte A, B, C... reliées entre elles en *a' b' c'* par des boulons. Deux tirants en fer D (fig. 168), maintiennent l'écartement entre la pièce A et celle qui lui correspond, et donne à toute la ferme une rigidité convenable.

L'extrémité inférieure de la pièce A forme patin et se fixe sur le massif de maçonnerie par des ancres G, à tête de boulon.

Le tirant D est en deux parties, réunies par un assemblage à trait de Jupiter.

Fig. 168. — Plan de la ferme.

Fig. 169. — Détail de l'assemblage *c*.

Fig. 170. — Vue de côté du même assemblage, montrant la forme que prennent les pièces *c c'*, pour être reliées l'une à l'autre par des boulons.

Fig. 171. — Assemblage *b*.

Fig. 172. — Vue de côté de la figure précédente.

Fig. 173. — Etrier formant la partie inférieure de la tige E, et sur lequel s'appuient les tirants D.

PLANCHE 26.

Comble en fer.

Fig. 174. — Chacune des fermes composant cette charpente repose sur deux murs en maçonnerie A. Un sabot en fonte, posé sur le mur et maintenu par des ancres en fer, reçoit l'extrémité de l'arbalétrier qui y est fixé par des boulons.

Les deux arbalétriers sont réunis par une barre de fer méplat b, à fourchette, à chaque extrémité, pour le passage des fers à T qui y sont fixés par des boulons.

Les autres détails de construction se comprennent d'eux-mêmes, au moyen des figures détaillées suivantes.

Fig. 175. — Détail de la partie T (fig. 174).

Fig. 176. — Détail V. Les fers a T, D, sont engagés dans une plaque courbée d, qui fait corps avec le chapeau V.

Fig. 177. — Détail V du sabot en fonte.

Fig. 178. — Vue de côté de l'assemblage des arbalétriers et du poinçon c.

Fig. 179. — Détail de l'assemblage de la bielle X avec la décharge D.

Fig. 180. — Détail de l'extrémité inférieure de la bielle X.

PLANCHE 27.

Fig. 181. — Pont couvert de l'Hôtel-Dieu de Paris. Ce pont est destiné à relier deux bâtiments séparés par une rue.

Deux sablières A, régnant sur toute la longueur, sont reçues à chaque extrémité dans un patin fixé au mur. Elles sont de plus soutenues par des jambes de force B, fixées de même.

De distance en distance les sablières prennent la forme indiquée en a pour recevoir les pièces transversales c qui supportent le plancher. Sur les mêmes points a s'élèvent les poteaux D, supportant la toiture.

Fig. 182. — Coupe transversale de la figure précédente.

A, sablières. B, jambes de force. C, pièces transversales, supportant le plancher. D, poteau. E, pièces de fer, composant la toiture.

Fig. 183. — Détail en perspective de la partie a de la sablière.

Fig. 184. — Détail en perspective du support du plancher.

PLANCHE 28.

Fig. 185. — Étude d'un rivet réunissant deux feuilles de tôle.

Fig. 186. — Assemblage de deux tôles se couvrant.

Fig. 187. — Assemblage bout à bout de deux tôles par des couvre-joints.

Fig. 188. — Assemblage bout à bout de deux tôles par des fers à T, pour éviter les flexions latérales.

Fig. 189. — Assemblage de deux tôles verticales perpendiculaires l'une à l'autre par des cornières $a\,a$. Sur l'arête supérieure de la feuille verticale on a placé une tôle horizontale c qui est fixée à la précédente par les cornières $d\,d$. Cette dernière feuille empêche toute flexion dans le sens latéral.

Fig. 190. — Vue de côté de la figure précédente. Les mêmes lettres indiquent les mêmes pièces dans ces deux figures.

Fig. 191. — Assemblage de deux tôles verticales perpendiculaires l'une à l'autre, avec une feuille horizontale.

Fig. 192. — Vue de côté de figure précédente.

PLANCHE 29.

Fig. 193. — Grande charpente en tôle de 40 mètres de portée.

Les différentes pièces de cette ferme sont composées de tôles de champ, renforcées par des fers d'angle ou cornières, de manière à former un double T. Une lame horizontale est ajoutée à ce système, à la partie supérieure ou inférieure, selon la position de la pièce que l'on veut renforcer.

Les fermes sont reliées par des entretoises construites de même, et reposent sur des colonnes en fonte.

Fig. 194. — Détail de l'assemblage A de la figure 193.

Fig. 195. — Détail de l'assemblage B.

Fig. 196. — Coupe, suivant ab des figures 194 et 195.

Fig. 197. — Coupe, suivant cd (fig. 194).

Fig. 198. — Coupe, suivant ef (fig. 195).

Fig. 199. — Coupe, suivant gh, de la figure 195.

PLANCHE 30.

Plancher en fer.

Fig. 200. — Plan général du système.

Fig. 201. — Coupe en travers.

Fig. 202. — Élévation d'une solive.

Fig. 203. — Perspective d'une partie du plancher.

Fig. 204. — Assemblage des entretoises sur les poutres.

Fig. 205. — Plan de la figure précédente.

Ce système se compose de solives en fer A, passées au laminoir et légèrement courbées (fig. 202). Ces solives sont scellées à leurs extrémités dans les murs, et reposent sur des patins en fer a. Elles sont de plus reliées entre elles par des fers coudés B, dits entretoises, sur lesquels reposent les petits fers carrés cc, appelés fauteurs du remplissage.

PLANCHE 31.

Escalier en fonte. — Pieux à vis.

Fig. 206. Coupe transversale de plusieurs marches.

Fig. 207. — Vue au-dessous d'une marche isolée.

Fig. 208. — Coupe suivant ab, de la figure 206.

Chacune des marches de cet escalier est d'une seule pièce de fonte et porte intérieurement des oreilles A, qui servent à les relier entre elles.

Des nervures B, venues à la fonte augmentent la rigidité. Les pieux à vis ont de nombreux avantages sur l'ancien système de battage. Ils s'introduisent dans le sol avec régularité, sans l'ébranler, [et dans les cas de poteaux télégraphiques, des mâts de signaux, des poteaux de barrières que l'on scelle actuellement dans des trous fouillés à l'avance, puis remplis de terre, la vis aura une stabilité beaucoup plus grande.

Fig. 209. — Pieu pour pilotis.

Fig. 210. — Poteau de ligne télégraphique.

Fig. 211. — Poteau de barrière.

Fig. 212. — Attache à la main pour les tentes de l'armée.

Fig. 213. — Boulon avec écrou à oreilles.

Fig. 214. — Chaîne en fer.

PLANCHE 32.

Cavette hydraulique, dite Syphon. — Tuyaux de descente.

Cette cuvette est construite de manière à empêcher les exhalaisons provenant des conduits souterrains de remonter à la surface.

Fig. 215. — L'eau tombant en A s'amasse à la partie inférieure coudée B. Le niveau s'élève jusqu'en a, et de là l'eau se deverse en b dans le conduit D. Les vapeurs ne peuvent remonter à la surface puisque la capacité C est hermétiquement fermée et qu'elles seraient forcées de traverser le liquide B.

La grille c retient les parties solides qui pourraient obstruer le tuyau D.

Fig. 216. — Coupe suivant la ligne v, x, y et z de la fig. précédente.

Fig. 217. — Plan général.

Fig. 218. — Coupé suivant la ligne x y prolongée (fig. 215).

Fig. 219. — Embouchure du tuyau E dans l'égout.

Fig. 220. — Coupe de l'embouchure du tuyau dans l'égout.

Fig. 221 et 222. — Une des extrémités du tuyau A est d'un diamètre plus grand pour recevoir l'autre extrémité du tuyau suivant. L'intervalle restant vide est rempli avec un mastic composé de soufre et de limaille de fer.

Fig. 223 et 224. — Autre système de jonction de tuyaux par des boulons.

PLANCHE 33.

Fig. 225. — Servante. Cet outil sert à supporter l'extrémité d'une pièce de fer dont l'autre extrémité est dans l'étau ou dans le feu de la forge.

Une servante se compose d'un bâti en fonte solidement assis sur trois pieds. La colonne A est creuse pour recevoir la tige B, qui y glisse à frottement et est maintenue à la hauteur voulue par un cliquet C. L'extrémité supérieure de la tige est à fourchette, et un rouleau D en fer y est fixé et peut tourner sur son axe, pour aider le mouvement des pièces que l'on travaille.

Fig. 226. — Profil du cliquet C.

Fig. 227, 228, 229. — Cisailles à main ayant un mécanisme particulier qui permet de régler à volonté la longueur des pièces que l'on veut couper.

Sur la mâchoire fixe A sont fixées en rivure deux pièces cylindriques a a, réunies par une traverse b, au milieu de laquelle passe librement une vis de rappel c surmontée d'un bouton e.

Cette vis est reçue dans une pièce de cuivre *f*, qui lui sert d'écrou et contre laquelle on appuie la pièce que l'on veut couper de longueur. La pièce *f* glisse à frottement sur les deux tiges *a a*.

Fig. 230. — Clef en S pour les écrous à oreilles et pour les petits écrous carrés.

Fig. 231, 232 et 233. — Vue de divers côtés d'une clef à écrous dite locomotive. *a*, mâchoire mobile. *b*, corps de la clef. *d*, vis fixée dans le talon *c* et celui correspondant *b*; elle porte deux écrous *e e*. Cette vis traverse librement la partie inférieure du talon A dans un trou non taraudé. Les écrous *e e* fixent la mâchoire mobile *a* à la distance voulue de la mâchoire fixe *b*.

Fig. 234. — Grande clef pour les serruriers en voitures.

Fig. 235. — Clef à goujons.

PLANCHE 34.

Fig. 237. — Étau parallèle et à genou.

Fig. 239. — Coupe longitudinale de l'étau.

Fig. 238 et 240. — Vues de côté.

Cet étau s'ouvre parallèlement jusqu'à une largeur de 16 centimètres et peut, au moyen du genou, tourner dans tous les sens.

A, mâchoire mobile recourbée en équerre; la partie horizontale est parfaitement dressée pour passer par l'ouverture de la mâchoire fixe B. C, assise; la mâchoire B y est fixée par 4 vis en acier, elle porte une fraisure semi-sphérique pour recevoir le genou. D, boule en fonte portant une patte coulée avec elle pour la fixer sur l'établi au moyen des boulons *a b*.

E, coquille en fer avec une fraisure semi-sphérique. Elle est soutenue par la vis de pression, et afin de lui conserver la même position, on a percé un trou dans lequel s'engage le tourillon de la vis F.

G, déverse-limaille.

Fig. 241, 242, 243 et 244. — On emploie souvent des vis en fer faites en fabrique et dont les têtes seules sont préparées, mais pour les tarauder il fallait les serrer dans l'étau, ce qui en altérait toujours plus ou moins les têtes.

L'outil dessiné dans ces figures remédie à cet inconvénient. La figure 243 en montre bien la disposition. Le trou *a* percé dans la partie supérieure donne passage au corps de la vis et retient la tête; la rainure longitudinale est occupée par une clavette qui s'engage dans la fente de la vis et la fixe solidement pendant le taraudage.

Fig. 245. — Cette figure montre la forme de l'outil quand il doit être pris dans l'étau.

PLANCHE 35.

Croisée en fer.

Fig. 246. — Vue de face.

Fig. 247. — Coupe verticale.

Fig. 248. — Coupe horizontale.

Cette croisée se compose de deux montants A B passés au laminoir et ayant la forme indiquée fig. 249 et 250, pour se recouvrir mutuellement; les deux montants latéraux ont la forme dessinée fig. 225 ; enfin, la section transversale des fers E F est représentée fig. 253.

Les dormants G G (fig. 248), sur lesquels se réunissent à pivot les montants C D, ont la forme dessinée fig. 252.

Les fiches H H pour le développement des vantaux sont à vis pour en faciliter le règlement.

Le dormant supérieur I, dont la section est représentée fig. 254, est appuyé sur une traverse en bois, J. Le vide K indique la tolérance du tassement supérieur.

Le jet d'eau de chaque vantail est une tôle de fer contournée qui vient à la partie inférieure reposer sur le jet d'eau M du dormant.

La gouttière M repose sur une traverse N semblable à celle du haut.

Les montants A B sont d'une seule pièce, mais on pourrait marier le fer et la tôle comme dans la fig. 256. Les traverses du petit bois E E peuvent aussi être faites en tôle ondulée (fig. 257).

PLANCHE 36.

Fermeture de persiennes à refouloir.

Fig. 258. — Vue de face.

Fig. 259. — Coupe longitudinale.

A B sont les deux battants de la persienne, s'ajustant l'un dans l'autre au moyen d'une feuillure demi-circulaire. Le battant A porte au milieu de sa hauteur une poignée C vissée solidement dans le bois, en haut et en bas de ce même battant sont fixés deux sabots D E creux à l'intérieur, pour laisser passer les tiges F F'.

La tige F' fait corps avec le loqueteau G et est mise en communication avec celle F par un fil de fer f. Nous avons représenté un loqueteau détaillé fig. 100 et 101.

L'extrémité inférieure de la tige F repose sur le loqueteau a, qui, oscillant dans un patin b, reçoit constamment la pression d'un ressort c qui l'engage à l'intérieur du sabot E pour y faire arrêt.

Au-dessus de la poignée est fixé sur la tige F le refouloir H ; c'est en appuyant sur celui-ci avec le pouce que l'on ouvre la persienne.

Fig. 260 et 261. — On peut ajouter un système de bascule vers le milieu des montants pour les maintenir.

La poignée C est rivée sur une platine en fer A.

Sur le battant B est fixé un arrêt I destiné à recevoir le lévier bascule J, qui porte à son extrémité un bouton K. Ce levier oscille sur un axe rivé sur la platine.

Fig. 262. — Le patin b, peut avoir des oreilles en croix comme il est indiqué en ponctué dans cette figure.

Fig. 263 et 264. — Modifications au système précédent.

Le patin b, qui était gênant et difficile à placer, est remplacé par un simple arrêt b. La tête du sabot E est ouverte pour recevoir le mentonnet a, percé d'un trou au milieu et monté avec goupille sur la tête du sabot. La pression exercée sur le refouloir H fait descendre la tige et basculer le mentonnet, qui se trouve ainsi dégagé de l'arrêt b.

Fig. 265 et 266. — On a remplacé l'ancienne bascule par une pièce J, coudée à mentonnet, renflée par le milieu et fixée à demeure sur la tringle. L'extrémité de cette pièce est percée d'un trou taraudé recevant une vis J, qui, en entrant de quelques millimètres dans le bois, empêche d'ouvrir du dehors.

Fig. 267. — Plan du mentonnet a. Cette pièce se bifurque pour recevoir le bout de la tringle F.

PLANCHE 37.

Fermeture de coffres-forts.

Fig. 268. — Face intérieure d'une porte de coffre-fort :
A, serrure à levier mobile (Voir cette serrure détaillée, fig. 274).
B, serrure à pompe (Voir cette serrure, fig. 280).
C, serrure à combinaison avec clef à chiffres (Voir fig. 291).
D, pêne des serrures.
E, pênes des verrous haut et bas.
Fig. 269 et 270. — Transmission du mouvement du pêne des serrures aux pênes des verrous. Dans la fig. 269, la serrure est ouverte, et dans la fig. 270, elle est fermée.
Les figures 271, 272 et 273 appartiennent à la serrure à combinaison avec clef à chiffres. On en trouvera l'explication quand nous décrirons cette serrure.

PLANCHE 38.

Serrure à combinaison, à leviers mobiles sans point d'appui. Système Paublan, breveté.

Fig. 274. — Ensemble général de la combinaison.
Pour qu'elle soit ouverte, il faut que les petits talons excentriques a, a, a, a, des rondelles A, A' A" A''', viennent se placer en face des points, 1, 2, 3 et 4, extrémités des petites bascules BB, mobiles autour des points bb, par le moyen de la grande bascule CC. Alors tout le système se trouve poussé dans le sens vertical. Et par une liaison (fig. 275), le levier D se soulève et se trouve dégagé de l'encoche a (fig. 268) du gros pêne qu'il retenait et qui peut alors se mouvoir par le jeu des autres serrures placées sur ce même pêne.
Fig. 275. — Profil de la combinaison relative au levier.
Un seul des talons excentriques a ne se trouvant pas en contact avec un des points 1, 2, la grande bascule C reste à la place qu'elle occupe fig. 274 ; et le levier D (fig. 275) reste engagé dans l'encoche et empêche tout mouvement du pêne.
Fig. 276. — Mais si tous les excentriques sont en contact, la grande bascule s'abaisse, et, par sa liaison avec le levier D, celui-ci monte et se dégage de l'encoche.
Fig. 277. — Face du bouton extérieur portant sur son contour un alphabet complet.
Fig. 278. — Profil du bouton avec l'engrenage intérieur.
Fig. 279. — Excentrique dégagé de l'engrenage ; il se retire à volonté quand on veut composer un nouveau mot.
On voit que cette combinaison est sans point d'appui ; les bascules cédant à la moindre pression, rien n'indique à l'extérieur la lettre d'ouverture.

PLANCHE 39

Fig. 280. — Palâtre et disposition intérieure des pênes pour une serrure à pompe de coffre-fort (Cette serrure est placée en B sur la porte, fig. 268) AA, gros pênes fourchus avec leur engrenage B et l'équerre E pour le petit pêne D.

L'axe de la lanterne, fig. 285, est placé en b; les fuseaux aa tournant dans le sens convenable au moyen de la clef s'engrènent dans la crémaillère B, et font avancer le gros pêne pour fermer la serrure. Enfin, le gros pêne étant ouvert, un des fuseaux a rencontre la base de l'équerre c pour ouvrir le petit pêne.

Fig. 281. — Mouvement à pompe avec son noyau ou barillet a. bb, broche. c, plaque brisée.

Fig. 282. — Noyau ou barillet vu de face.

Fig. 283. — Barillet vu par bout.

Fig. 284. — Coupe du barillet avec broche, ressort et chapeau.

Fig. 285. — Lanterne avec ses fuseaux (fig. 280).

Fig. 286 et 287. — Plaque brisée avec ses encoches.

Fig. 288, 289 et 290. — Vues différentes de la même clef.

Fig. 279. — Garnitures du mouvement à pompe nommées barrettes.

La clef a pour but de faire tourner le barillet a (fig. 282), mais ce barillet est embrassé par la plaque brisée c (fig. 286-287) qui porte des encoches où sont engagées les barrettes d (fig. 290). Ces barrettes portent elles-mêmes des encoches d'. Il est clair que si ces encoches se trouvent dans le plan de la plaque brisée c, les barrettes n'empêcheront pas le mouvement du barillet.

Un ressort intérieur e (fig. 284) fait remonter toutes les barrettes. La clef (fig. 288-289) porte au bout du canon des entailles longitudinales inégales, et dans lesquelles s'engage le talon f (fig. 290) des barrettes.

Si l'on pousse la clef, les talons f s'engagent dans ses entailles, calculées de manière à repousser suffisamment les barrettes pour que leurs entailles d' viennent se placer exactement devant la fente c'. La fig. 288 montre bien la position des barrettes; on voit qu'alors la clef étant poussée, toutes les encoches d' se trouvent dans le même plan.

L'extrémité A du barillet est fixée à la pièce A de la lanterne (235) et fait corps avec elle.

PLANCHE 40.

Fig. 291 et 292. — Vue de face et de profil de l'intérieur d'une serrure à combinaison avec clef à chiffres. Système Paublan breveté. Cette serrure est placée en c (fig. 268).

a a, pignons mobiles montés sur un chariot pouvant avancer ou reculer au moyen de l'excentrique b (fig. 272); c d, ressorts et encliquetages.

f, gorges mobiles sur le pêne. On peut également prendre le système à pompe déjà décrit (fig. 284 et suiv.).

g h, tubes et canons mobiles avec ressorts et dents d'engrenage (Voir fig. 271, 272 et 273).

Chaque dent d'engrenage (fig. 292) correspond avec l'un des chiffres gravés sur la clef.

j, entrée principale de la serrure. 1, 2, 3, 4, entrées intérieures.

k, Chariot d'échappement destiné à brouiller tous les nombres pour la fermeture complète de la serrure.

La clef ne diffère des autres que par une ligne de chiffres gravés sur sa tige.

Soit le chiffre adopté 1859.

On entre la clef en J (fig. 274); en tournant vers la gauche elle s'engage dans une encoche 1, où elle rencontre l'extrémité d'un levier *l*. On tire la clef à soi jusqu'à ce que le chiffre 1 marqué sur sa tige soit sorti à l'extérieur de la porte. On replace la clef dans l'entrée 2. On tire de même jusqu'au chiffre 8 et ainsi de suite pour les autres numéros.

Le nombre composé, on fait fonctionner comme une serrure ordinaire.

Pour le changement de nombre, il suffit de dégrener le pignon de la cremaillère.

PLANCHE 41.

Petite machine à percer, portative et à pédale.

Fig. 294 et 295. — Cette machine est montée sur un bâti de fer A sur lequel sont fixés des paliers B, dans lesquels tourne l'arbre coudé C, servant d'axe au volant-poulie D.

C'est sur la pédale E que se pose le pied. On donne le mouvement à la grande poulie par l'intermédiaire de la bielle F et de l'arbre coudé C.

Le mouvement circulaire du volant est transmis à la poulie G par une corde à boyau passant sur les poulies de renvoi H H'.

La porte-foret I reste continuellement à la même hauteur; c'est la plate-forme J qui monte ou descend selon les exigences du travail.

La plate-forme se termine à sa partie inférieure par une pièce coudée. Un ressort à boudin K, entouré d'une boîte en tôle, tend continuellement à la faire monter.

On abaisse la plate-forme par l'action du levier L, qui est fixé d'une part en *a* au bâti fixe et de l'autre en *b* à la plate-forme.

Enfin un contre-poids M ajoute sa puissance à celle du ressort K.

Fig. 296. — Plan de l'arbre coudé et du volant-poulie.

Fig. 297. — La partie J' de la poulie devant glisser le long du bâti fixe, il était important de diminuer les frottements. Pour cela, le bâti N est entouré par un collier O qui appartient à la pièce J, et l'axe commun de deux galets P P' y est encastré.

Fig. 298. — Extrémité du bâti en fer A.

PLANCHE 42.

Petite machine à raboter, dite Limom-Décoster.

Fig. 299. — Élévation générale et coupe de l'étau.
Fig. 300. — Plan.
Fig. 301. — Vue latérale.
A, poulie de transmission. B, volant. C, cylindre en fonte dans lequel passe l'arbre moteur, dont l'extrémité est excentrique. D, excentrique. E, chariot porte-outil. F, Étau parallèle placé sur un chariot horizontal G. H, vis de pointage faisant monter ou descendre le chariot. I, tige en fer recevant le mouvement d'une vis sans fin, mue elle-même par l'excentrique. Cette tige sert à raboter les pièces cylindriques.

Cette machine est construite pour raboter les petites pièces. L'axe horizontal est terminé à son extrémité par un excentrique qui donne un mouvement de va-et-vient au chariot porte-outil. L'étau est placé sur un chariot horizontal et se meut au moyen d'une vis.

Fig. 302 et 303. — Détails de construction.
Fig. 304. — Poulies doubles fixées à genou sur un bâti en fonte. Cette figure appartient à la machine à percer, fig. 309 et 310.

PLANCHE 43.

Tour à chariot.

Fig. 305. — a, poulies de transmission. b, ensemble d'engrenages pour modifier la vitesse du mouvement. c, poupée fixe. d, mandrin, e, poupée mobile. f, chariot porte-outil qui reçoit le mouvement de translation par une vis placée sous le bâti.

Par la manivelle g et la vis qui y est fixée, l'outil avance dans le sens perpendiculaire à l'axe de la pièce à tourner.

Fig. 306. — Coupe de la poupée mobile e.
Fig. 307. — Disposition des engrenages b.
Fig. 308. — Mandrin.

PLANCHE 44.

Fig. 309 et 310. — Machine à percer, verticale. Vue de profil et de face.
A, colonne en fonte solidement assise dans un massif en maçonnerie. B, plate-forme mobile le long de la colonne A, se mouvant par un pignon

engrenant avec la crémaillère *a*. La roue à rochet et le cliquet retiennent la plate-forme à la hauteur nécessaire, elle est de plus fixée par la vis de pression C. D, poulie de transmission. E, porte-foret.

PLANCHE 45.

Fig. 311. — Poutre en fer, composée de petits fers à section rectangulaire. Cette construction offre beaucoup d'analogie avec le garde-corps représenté figure 116.

Fig. 312. — Section verticale de la fig. 311.

Fig. 313. — Scellement d'une poutre dans un mur. A, poutre. B, clavette. C, pièce en fer méplat entourant la clavette et embrassant la poutre à laquelle elle est reliée par deux rivets.

Fig. 314 et 315. — Mode d'attache des fers secondaires sur les poutres. Les fers *a* s'appuient sur le champignon inférieur de la poutre et portent une clavette qui est engagée dans le collier *b*.

Fig. 316. — Scellement de poutre. La clavette B étant horizontale, la pièce de fer C doit être courbée sur elle-même pour pouvoir pincer la poutre.

Fig. 317 et 318. — Dans ce système de plancher, les pièces transversales sont remplacées par des tirants en fer inclinés relativement aux poutres et qui se lient à celle-ci par des écrous et des clavettes.

PLANCHE 46.

Halle au blé de Munich.

Fig. 319. — Ensemble général d'une ferme. Elle est supportée par des colonnes creuses en fonte et construite en fers à T et en fers cylindriques.

Fig. 320. — Détail de l'assemblage A.

Fig. 321 et 322. — Détail d'une partie de l'assemblage à clavettes B.

Fig. 323. — Assemblage C.

Fig. 324. — Assemblage B.

Fig. 325. — Assemblage D.

Fig. 326. — Assemblage E.

PLANCHE 47 ET 48.

Pont d'Arcole à Paris.

Fig. 327. — Partie de l'arc de rive, voisine de la clef.

Fig. 328. — Coupe suivant *a b* fig. 327.

Fig. 329. — Coupe de l'arc de rive.

Fig. 330. — Coupe de l'arc de rive à la clef.

Fig. 331. — Coupe suivant *b c*.

Fig. 332. — Élévation d'une culée.

Ce pont a 80 mètres d'ouverture et 20 mètres de large, et est entièrement construit en tôle et en fer laminé. Il se compose de douze fermes en fer dont l'intrados est cintré, suivant un arc de 80 mètres de corde et 6^m.12° de flèche.

Le plancher du pont est formé de rails Barlow (A, fig. 327), qui sont rivés et boulonnés sur les longerons des fermes. Les garde-corps sont en fonte ornementée.

Chaque ferme se compose d'un arc inférieur B, d'un longeron supérieur C et d'un tympan rigide D, rendant l'arc et le longeron solidaire l'un de l'autre.

La section des arcs est dite à double T (fig. 328, 329, 330), elle est formée par une lame verticale appelée *âme*, qui est découpée suivant la courbe de l'arc et qui est rivée à deux lames transversales supérieures et inférieures, appelées nervures par quatre corps de cornières.

Les arc présentent une épaisseur totale de 0^m, 38° à la clef et une hauteur verticale de 1^m, 40° aux naissances.

La section des longerons est à T simple.

Du côté de la clef la lame verticale du longeron est prolongée jusqu'à l'arc et rivée sur celui-ci au moyen de deux cornières. Comme en ce point, la hauteur verticale *maxima* est de 1 mètre, on l'a découpée suivant des espèces d'ellipses qui continuent les figures géométriques formées par les bannes du tympan.

Les tympans sont formés de pièces en fer laminé à section double T.

Le format de notre recueil ne nous a pas permis de donner une vue d'ensemble de ce grand travail.

SAINT-DENIS. — TYPOGRAPHIE DE A. MOULIN.

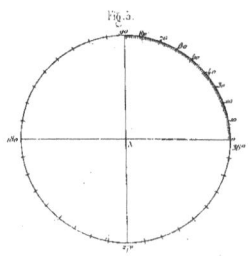

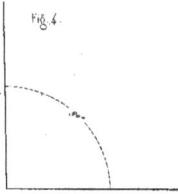

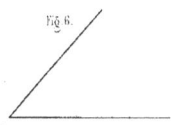

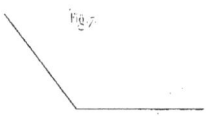

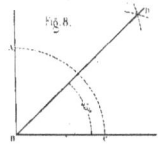

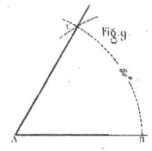

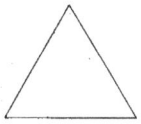

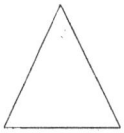

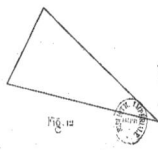

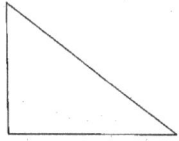

Pl. 1

Fig. 1.

Fig. 2.

Fig. 3.

Fig. 5.

Fig. 4.

Fig. 6.

Fig. 7.

Fig. 8.

Fig. 9.

Fig. 10.

Fig. 11.

Fig. 12.

Fig. 13.

Paris. THÉODORE LEFÈVRE, Éditeur.
2. rue des Poitevins.

Paris. Imp. Frault. r. de Madame 16.

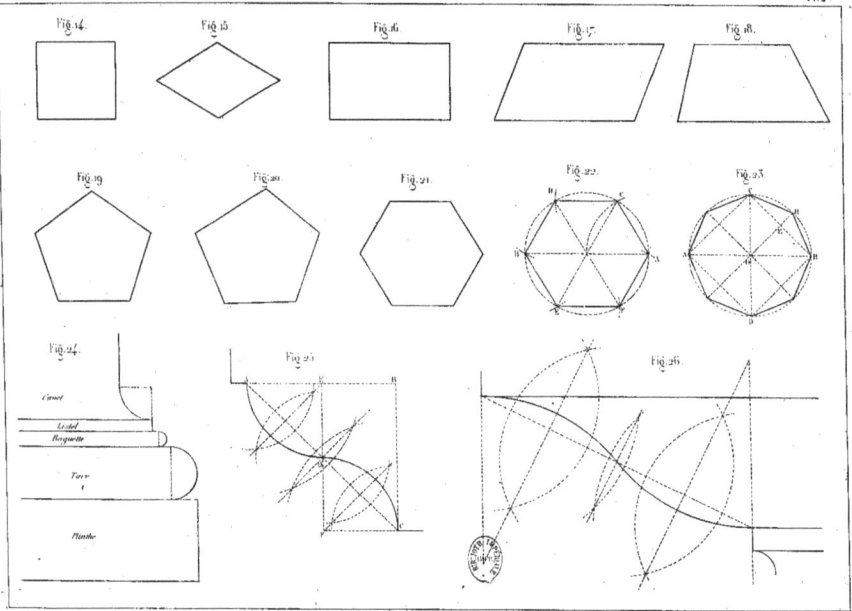

Pl. 2

Fig. 14.   Fig. 15.   Fig. 16.   Fig. 17.   Fig. 18.

Fig. 19.   Fig. 20.   Fig. 21.   Fig. 22.   Fig. 23.

Fig. 24.   Fig. 25.   Fig. 26.

Cimet
Listel
Baguette
Tore
Plinthe

Paris. THÉODORE LEFÈVRE, *Éditeur.*
2 rue des Poitevins.

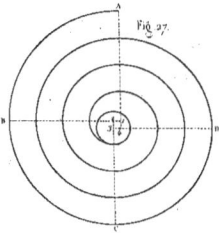

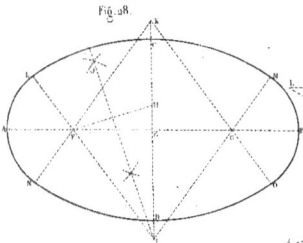

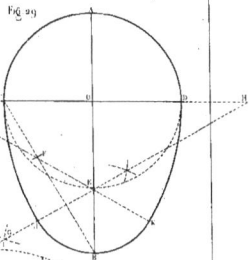

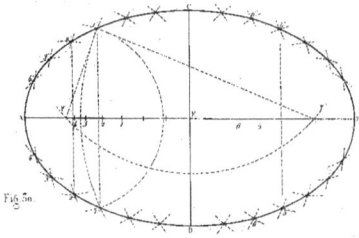

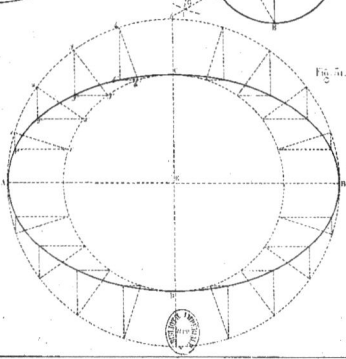

Pl. 5.

Fig. 27.

Fig. 28.

Fig. 29.

Fig. 30.

Fig. 31.

Paris. THEODORE LEFEVRE, Editeur.
4, rue des Poitevins.

Pl. 4

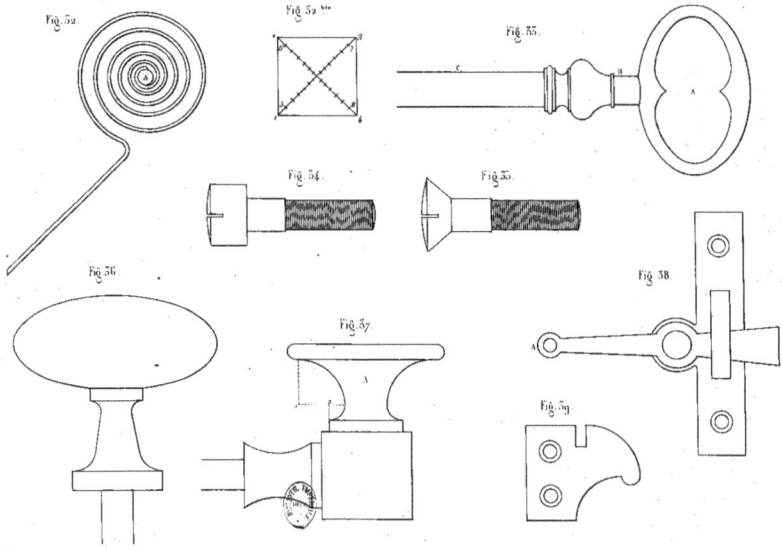

Fig. 52. Fig. 52 bis. Fig. 53. Fig. 54. Fig. 55. Fig. 56. Fig. 57. Fig. 58. Fig. 59.

Paris THÉODORE LEFÈVRE, Éditeur.
2, rue des Poitevins.

Pl. 5.

Fig. 40.

Fig. 42.

Fig. 41.

Fig. 43.

Fig. 44.

Fig. 45.

Fig. 46.

Fig. 47.

Fig. 49.

Fig. 50.

Fig. 51.

Fig. 48.

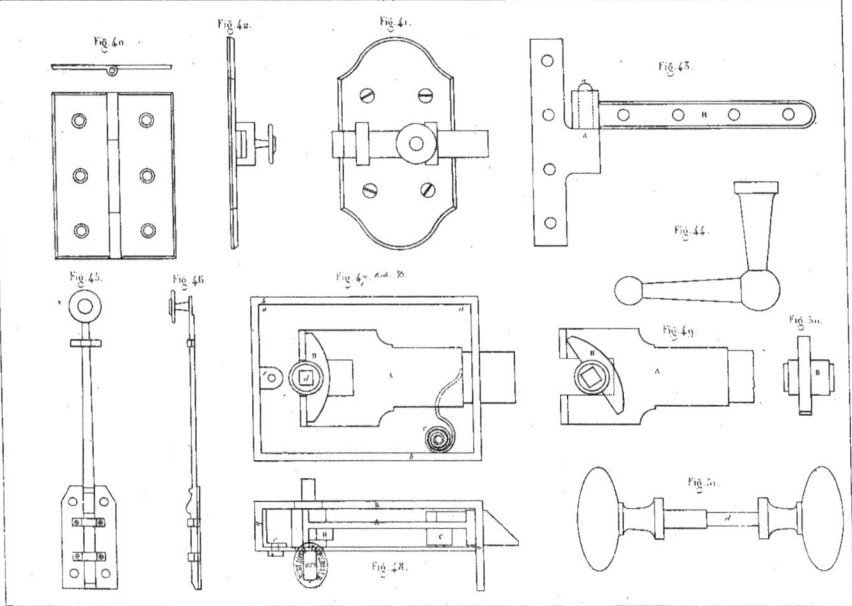

Paris THÉODORE LEFÈVRE, Éditeur.
a rue des Poitevins.

Pl. 6.

Fig. 52.   Fig. 53.   Fig. 54.

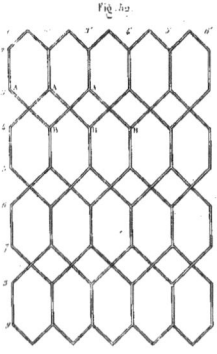
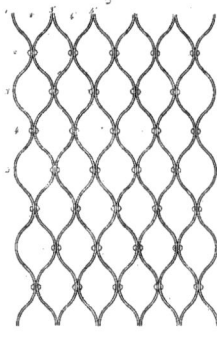
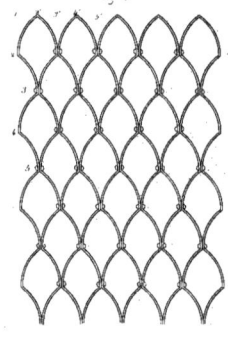

Fig. 55.   Fig. 56.

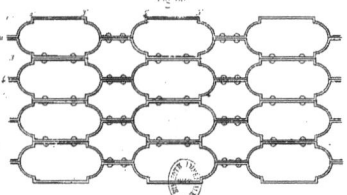
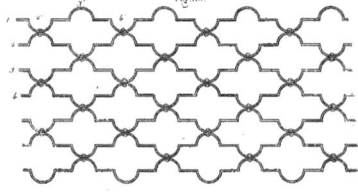

Paris THÉODORE LEFÈVRE, Editeur
a rue des Poitevins

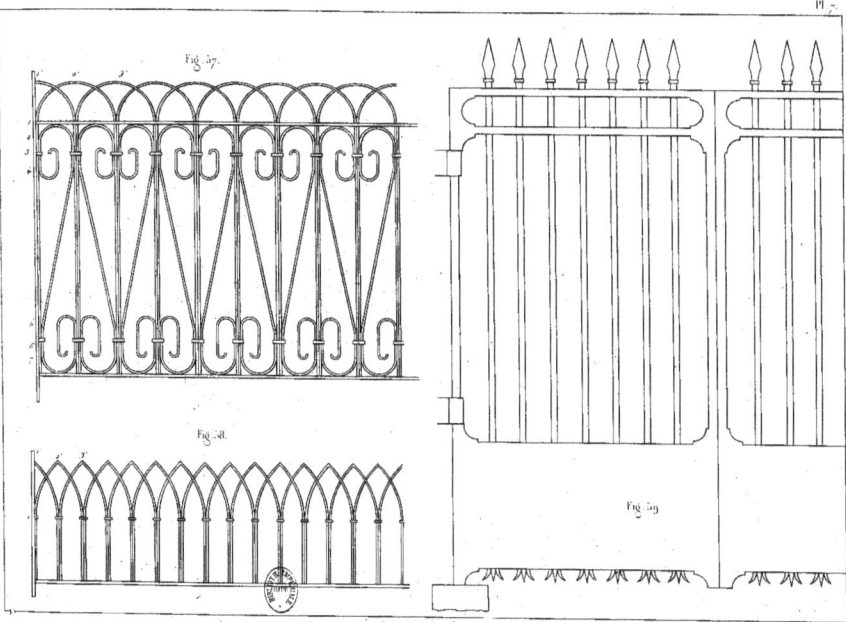

Pl. 7.

Fig. 57.

Fig. 58.

Fig. 59

Paris THÉODORE LEFÈVRE, Éditeur
3, rue des Poitevins.

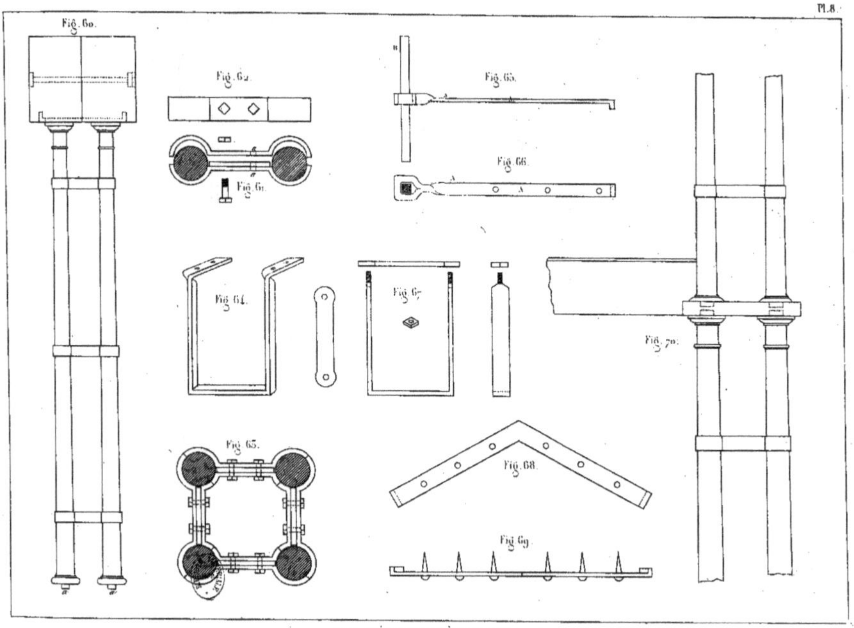

Pl. 8.

Fig. 60.

Fig. 62.

Fig. 63.

Fig. 66.

Fig. 61.

Fig. 64.

Fig. 67.

Fig. 70.

Fig. 65.

Fig. 68.

Fig. 69.

Paris THÉODORE LEFÈVRE, Éditeur,
a rue des Poitevins.

Paris. Imp. Fraillé. r. de Medrano. 13.

Pl.9

Fig. 71 *(Broadeur d'exécution.)*

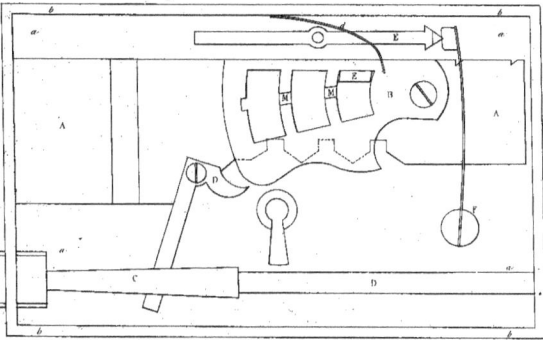

Fig. 72

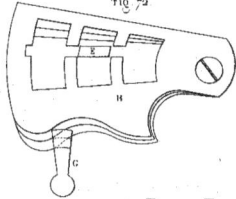

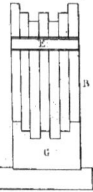

Fig. 73.

Fig. 74

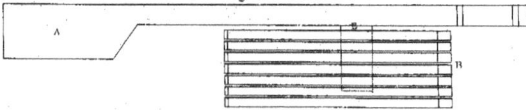

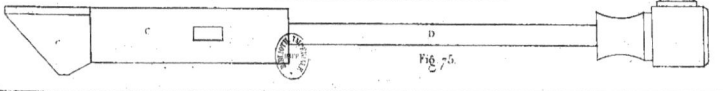

Fig. 75.

Paris. THÉODORE LEFÈVRE Éditeur.
v. rue des Poitevins.

Pl. 70

Fig. 76.

Fig. 77.

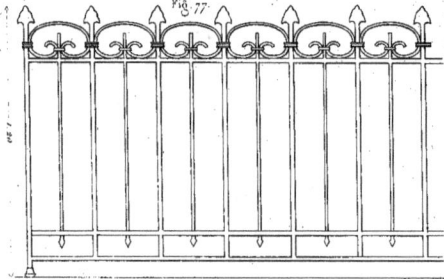

Fig. 78.

Fig. 79.

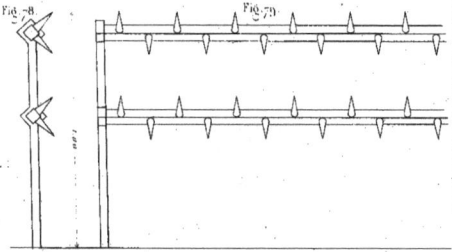

Paris, THÉODORE LEFÈVRE, Éditeur.
2, rue des Poitevins.

Pl. 11.

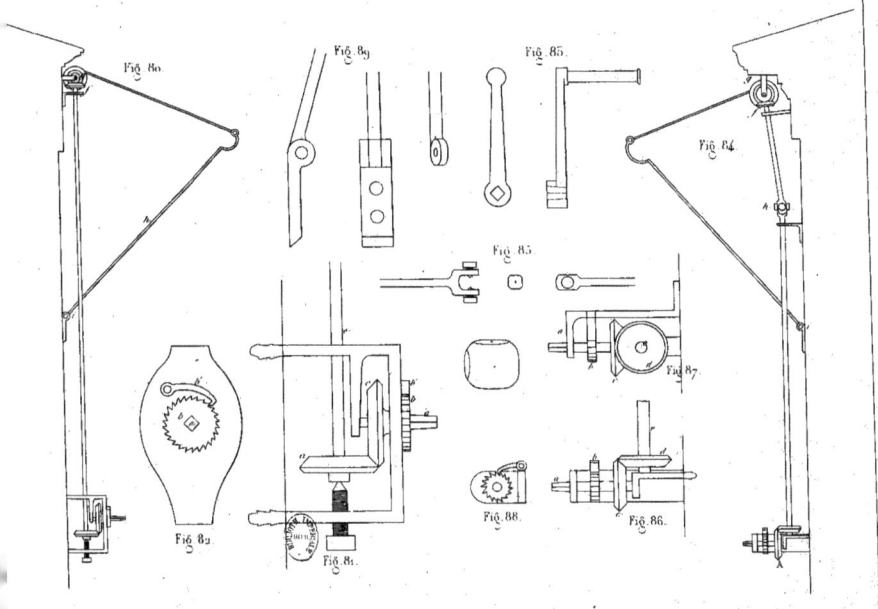

Fig. 80.

Fig. 89.

Fig. 85.

Fig. 84.

Fig. 83.

Fig. 82.

Fig. 81.

Fig. 88.

Fig. 87.

Fig. 86.

Paris. THÉODORE LEFÈVRE. Éditeur.
2, rue des Poitevins.

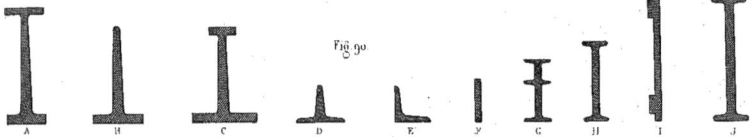

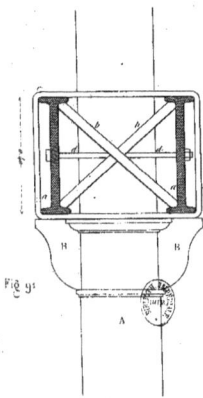

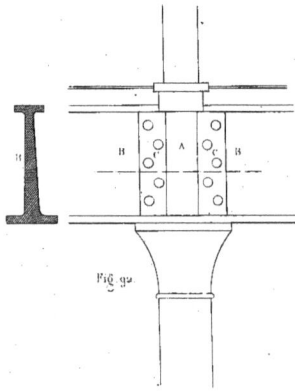

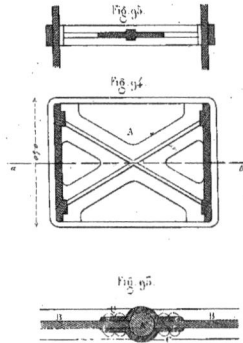

Pl. 12.

Fig. 90.

Fig. 93.

Fig. 94.

Fig. 91.

Fig. 92.

Fig. 95.

Paris THÉODORE LEFÈVRE, Éditeur
2, rue des Poitevins.

Paris. Imp. Frault, r. de Madame 15.

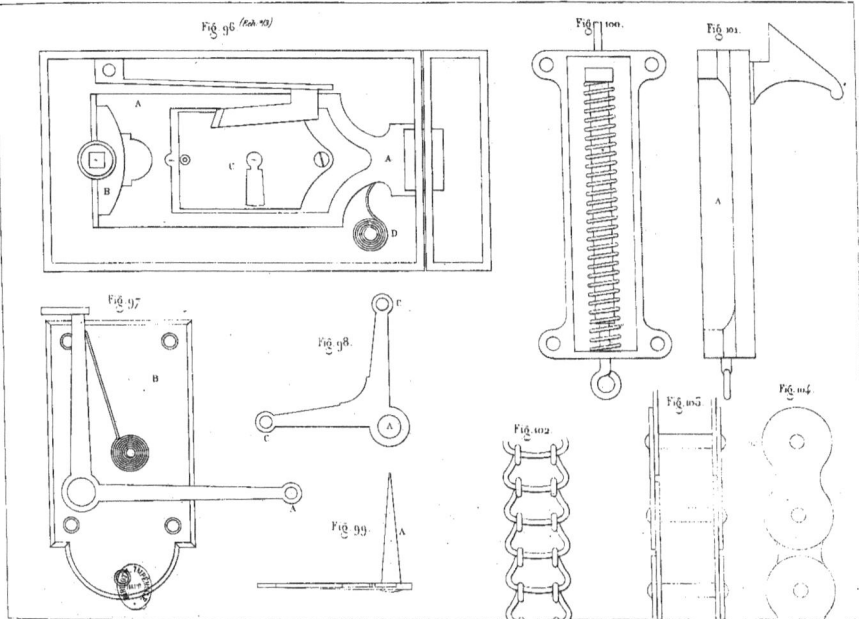

Pl. 15

Fig. 96 (Éch. 1/3).

Fig. 97.

Fig. 98.

Fig. 99.

Fig. 100.

Fig. 101.

Fig. 102.

Fig. 103.

Fig. 104.

Paris THÉODORE LEFÈVRE, Éditeur.
a rue des Poitevins.

Paris, Imp. Pinelle et de Madame...

Pl. 14.

Fig. 105. (Grandeur d'exécution)

Fig. 106.

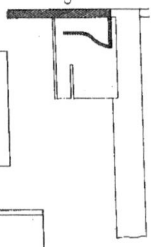

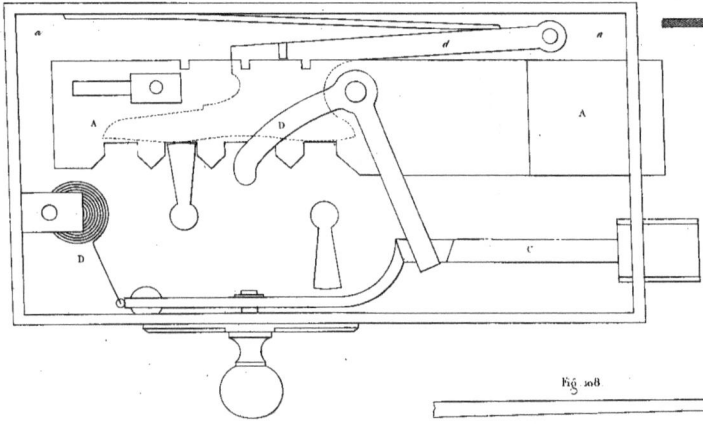

Fig. 108.

Fig. 107.

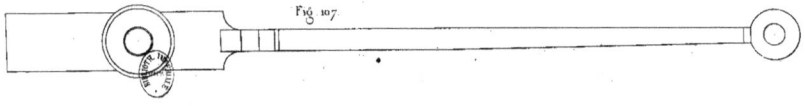

Paris, THÉODORE LEFÈVRE, Éditeur.
2, rue des Poitevins.

Pl. 5.

Fig. 109.

Fig. 110.

Fig. 111.

Fig. 112.

Fig. 113.

Fig. 114.

Fig. 115.

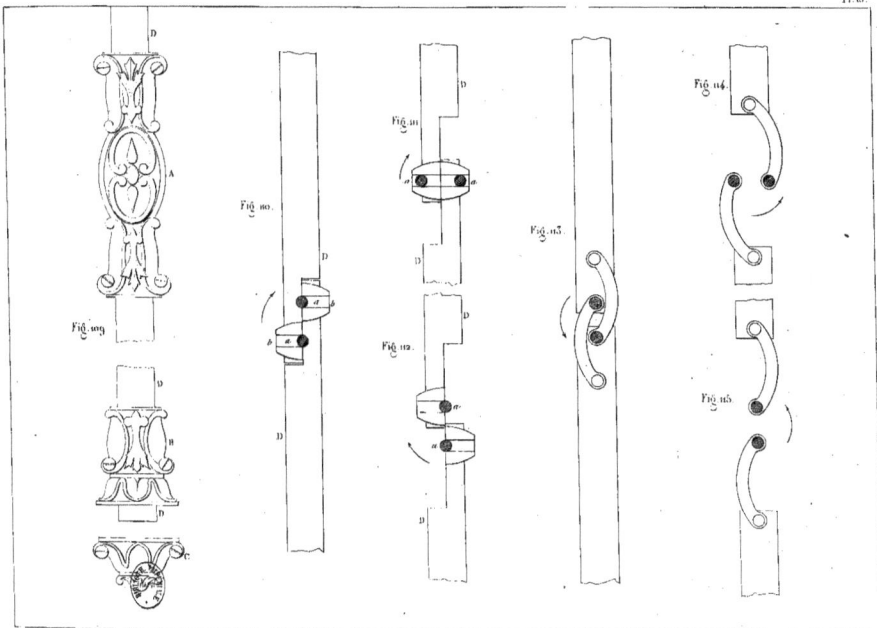

Paris. THÉODORE LEFEVRE Éditeur.
2 rue des Poitevins.

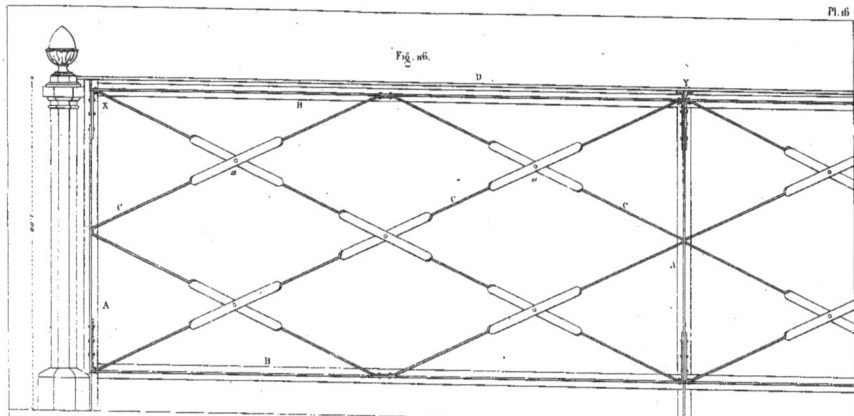

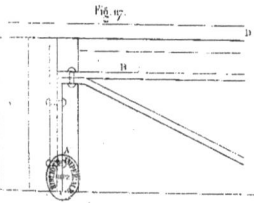

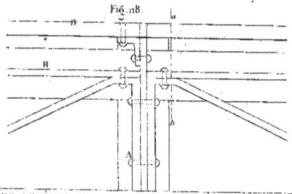

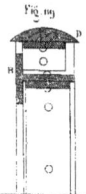

Pl. 16

Fig. 16.

Fig. 117.

Fig. 120.

Fig. 121.

Fig. 118.

Fig. 119.

Paris THÉODORE LEFÈVRE, Éditeur
2, rue des Poitevins.

Pl.15

Fig. 122.

Fig. 125.

Fig. 124.

Fig. 123.

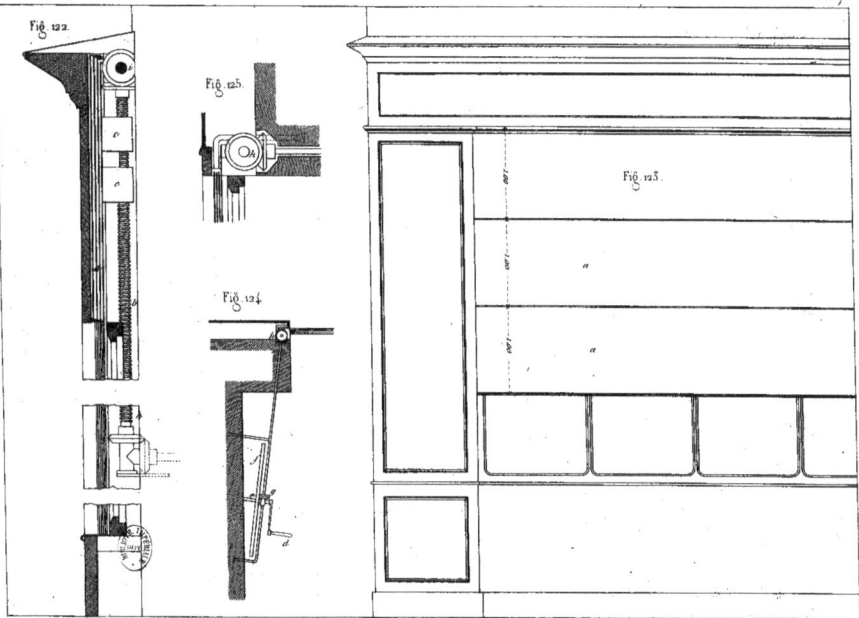

Paris. THÉODORE LEFÈVRE, Editeur.
2, rue des Poitevins.

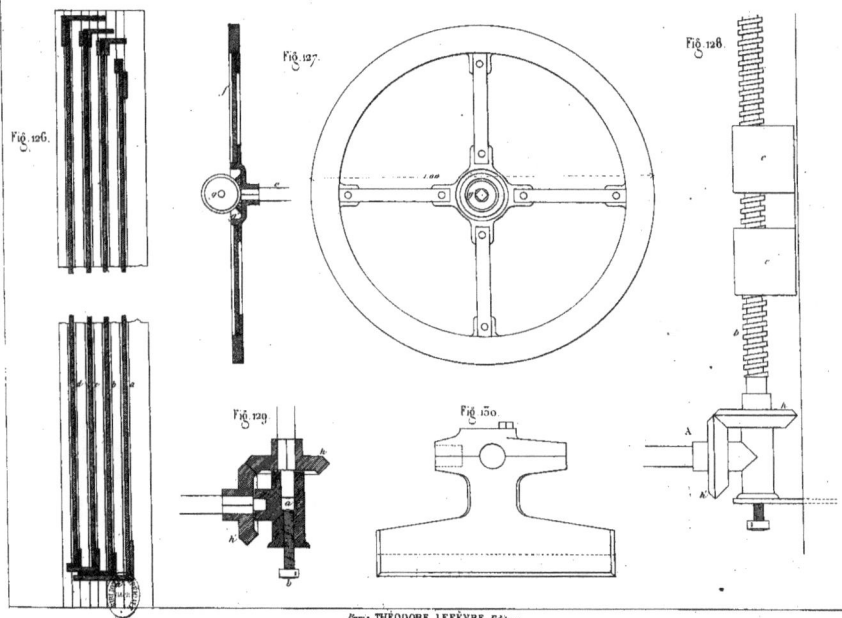

Pl. 18.

Fig. 126.

Fig. 127.

Fig. 128.

Fig. 129.

Fig. 130.

Paris. THÉODORE LEFÈVRE, Editeur.
2 rue des Poitevins.

Pl. 19

Fig. 131.

B

C

E

A   A

D

o

Fig. 132.

A
C
C
D

Fig. 133.

a

Fig. 134.

Fig. 135.

Fig. 136.

B   A   C   H

D

E

Fig. 137.

Fig. 139.

Fig. 140.

Fig. 138.

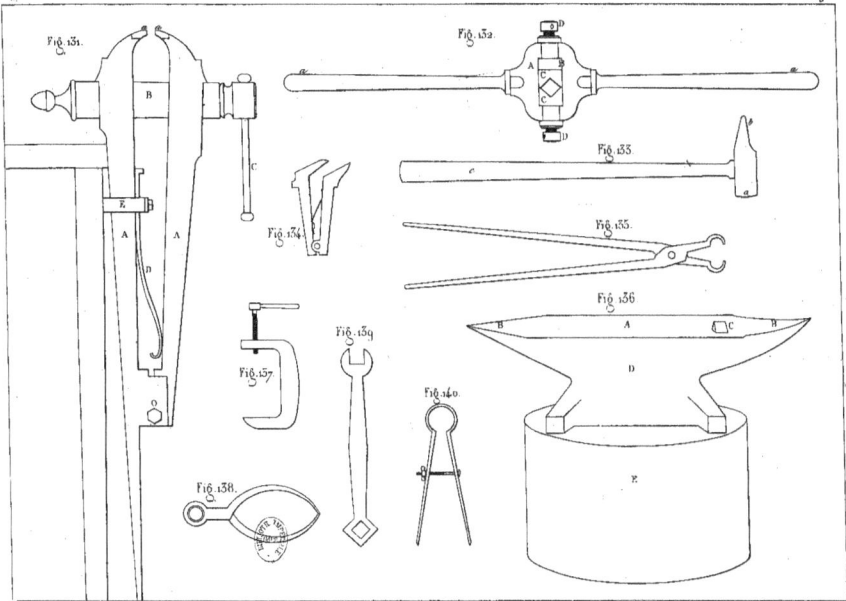

Paris THÉODORE LEFÈVRE, Éditeur
2 rue des Poitevins.

Paris. Imp. Frault. r. de Madame.15.

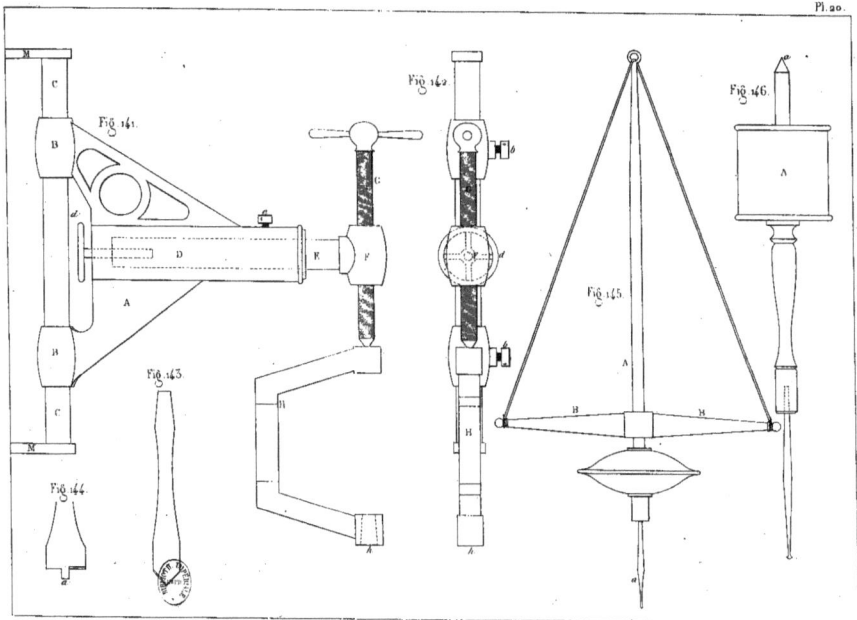

Pl. 20.

Fig. 141.

Fig. 142.

Fig. 143.

Fig. 144.

Fig. 145.

Fig. 146.

Paris THÉODORE LEFÈVRE, Éditeur.

2, rue des Poitevins.

Pl. 21.

Fig. 147.

Fig. 148.

Fig. 149.

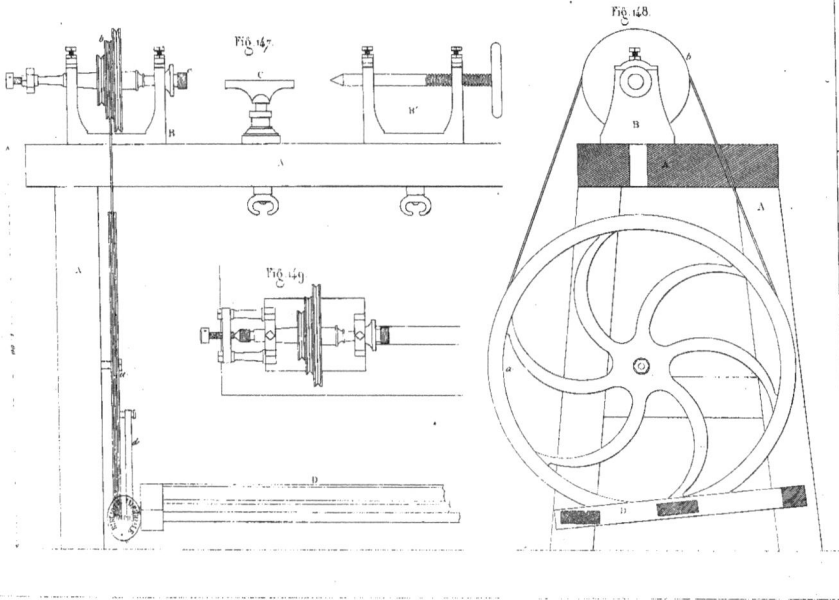

Paris, THÉODORE LEFÈVRE, Éditeur,
a, rue des Poitevins.

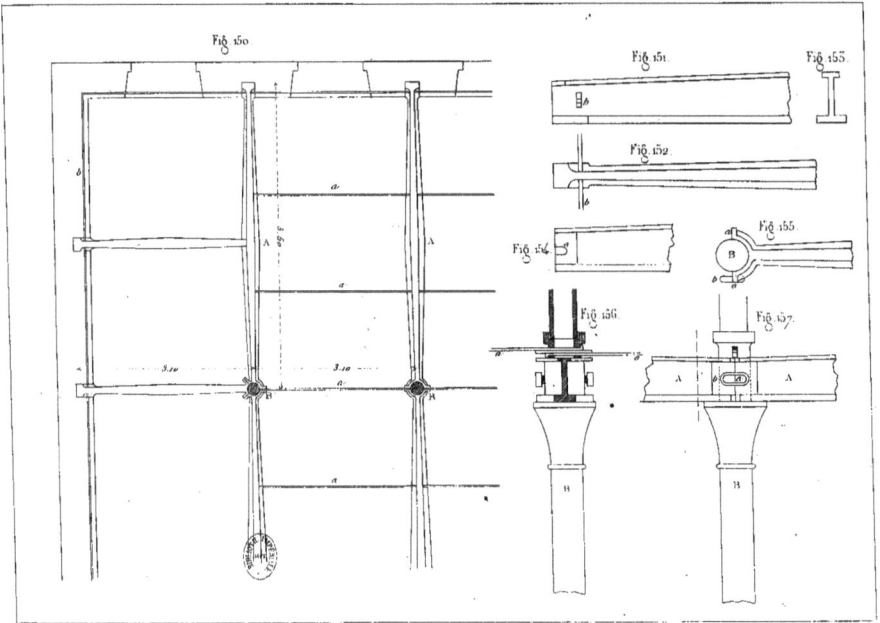

Pl. 22

Fig. 150.

Fig. 151.

Fig. 153.

Fig. 152.

Fig. 154.

Fig. 155.

Fig. 156.

Fig. 157.

Paris. THÉODORE LEFÈVRE. Éditeur.
a. rue des Poitevins.

Pl. 25

Fig. 158.

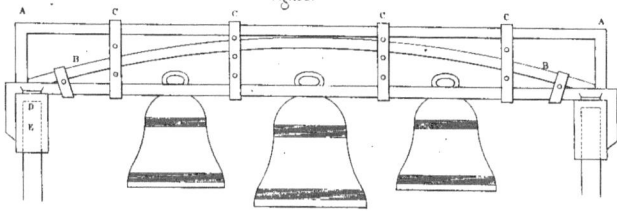

Fig. 159.

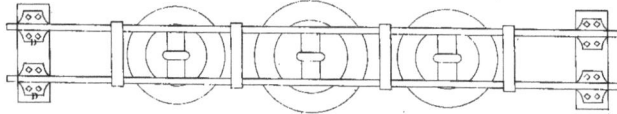

Fig. 160.

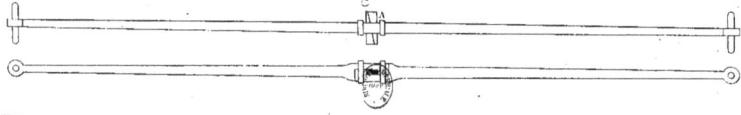

Paris THÉODORE LEFÈVRE, Éditeur.
2, rue des Poitevins.

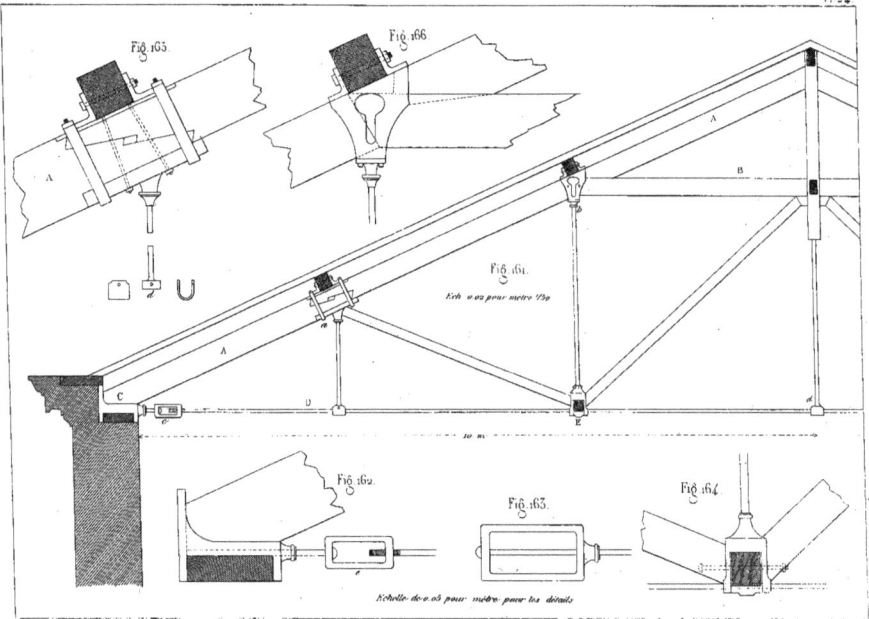

Pl 24

Fig. 165

Fig. 166

Fig. 161

Ech. u.02 pour mètre 1/50

A

B

A

C

D

E

Fig. 162

Fig. 163

Fig. 164

Echelle de 0.05 pour mètre pour les détails

Paris. THÉODORE LEFÈVRE. Editeur.

2 rue des Poitevins.

Paris. Imp. Lemercier, de Montmartre 57.

Pl. 26

Fig. 169   Fig. 170   Fig. 171   Fig. 172   Fig. 173.

Fig. 176.

Fig. 168.

Echelle de 0.03 pour mètre.

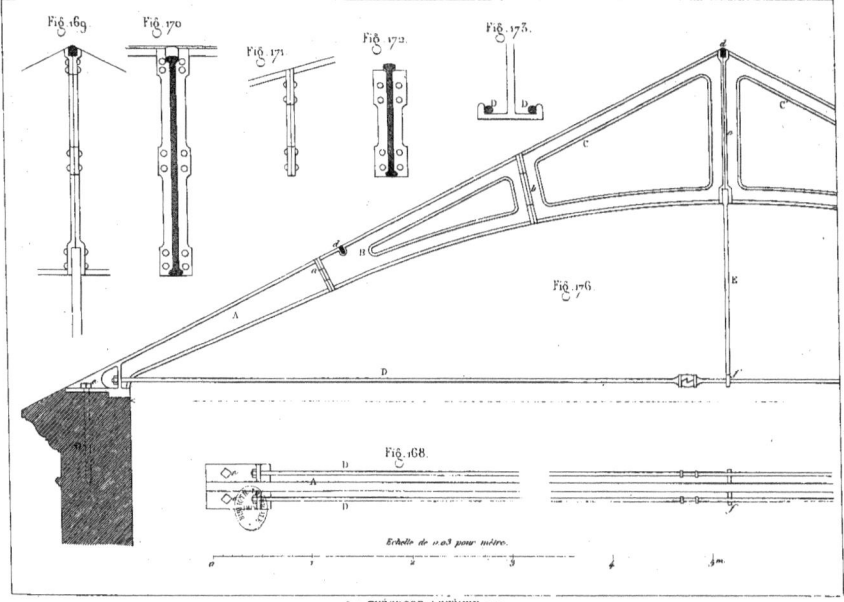

Paris. THÉODORE LEFÈVRE, Éditeur
2, rue des Poitevins.

Paris. Imp. Fraulx et de Madeur, 48.

Pl. 46

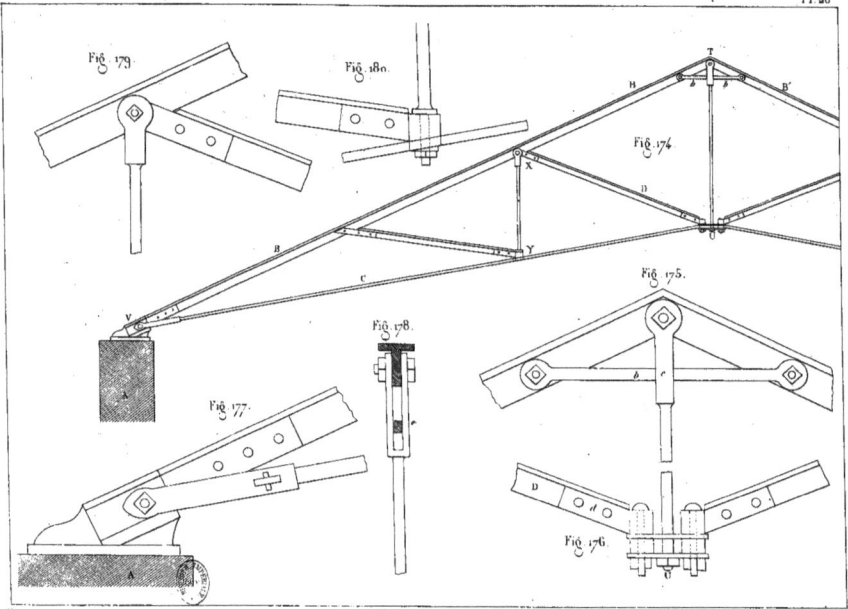

Fig. 179.

Fig. 180.

Fig. 174.

Fig. 175.

Fig. 178.

Fig. 177.

Fig. 176.

Paris THÉODORE LEFÈVRE Éditeur.
2. rue des Poitevins

Pl. 27.

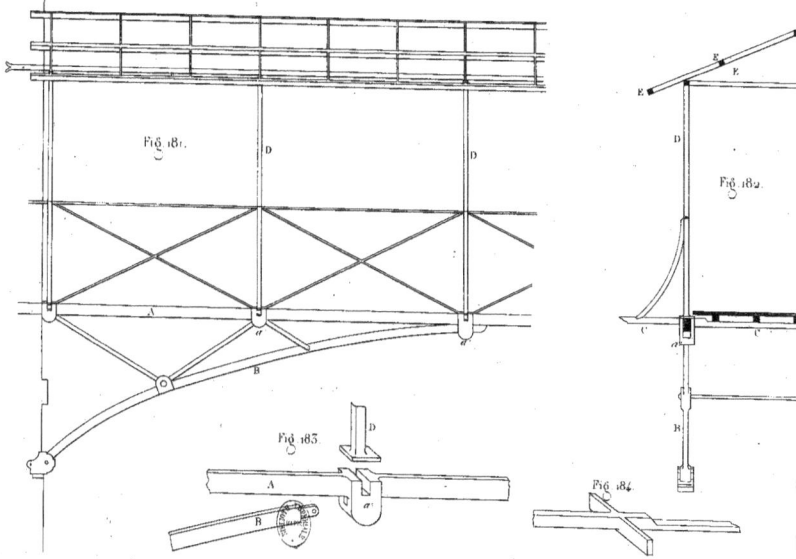

Fig. 181.

Fig. 182.

Fig. 183.

Fig. 184.

Paris THÉODORE LEFÉVRE, Éditeur.
2, rue des Poitevins.

Pl. 28.

Fig. 185.

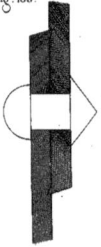

Fig. 186.

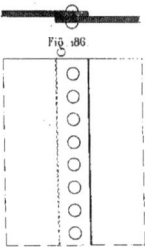

Fig. 187.

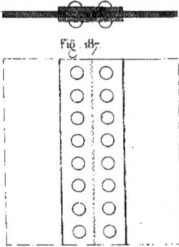

Fig. 188.

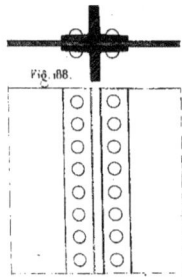

Fig. 189.

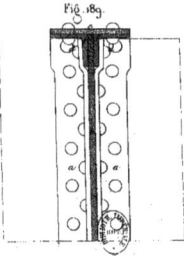

Fig. 190.

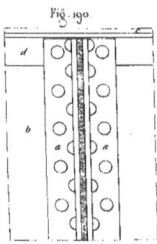

Fig. 191.

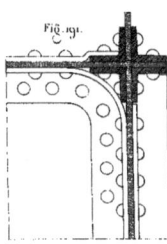

Fig. 192.

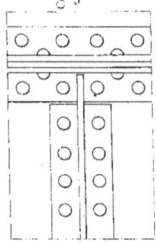

Paris. THÉODORE LEFÈVRE, Éditeur.
2 rue des Poitevins.

Pl. 29

Fig. 196.   Fig. 197.   Fig. 198.

Fig. 199.

Fig. 195 (Ech. 1/100)

Fig. 193.

Fig. 194.

Echelle 0,01 pour les détails

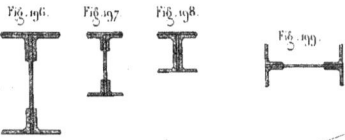

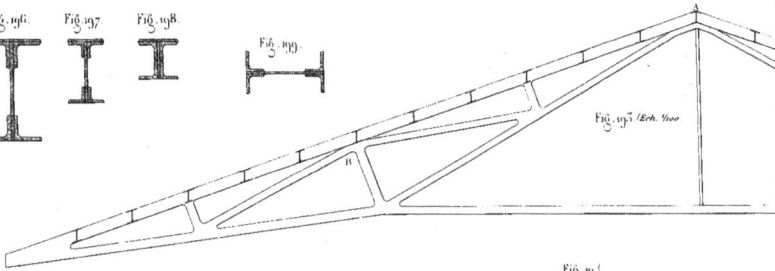

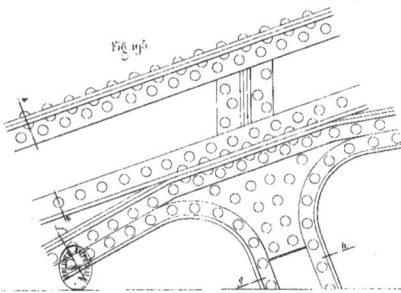

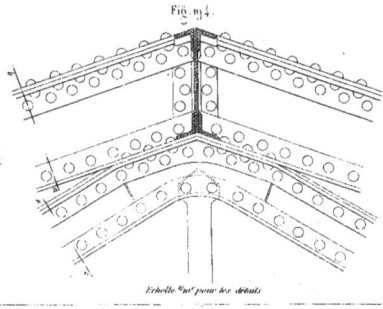

Paris, THÉODORE LEFÈVRE, Éditeur.
2, rue des Poitevins.

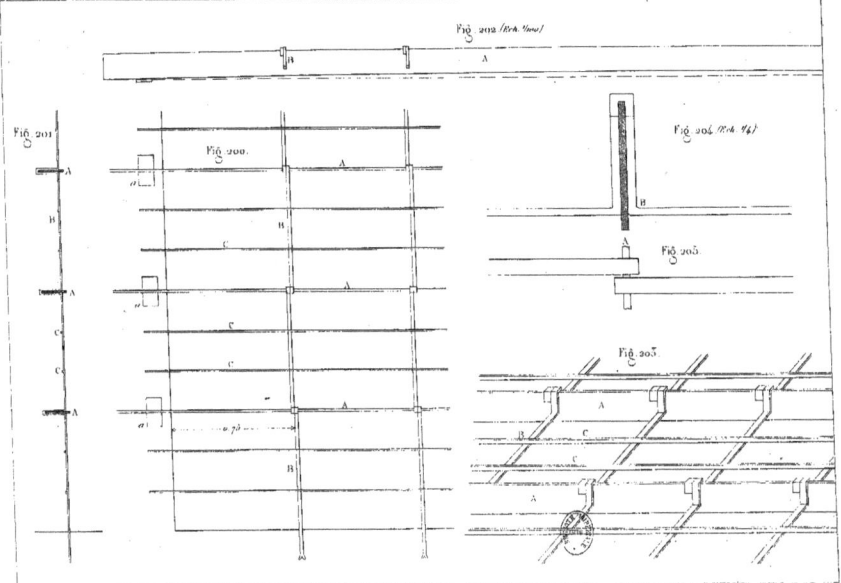

Pl. 50.

Fig. 202 *(Ech. ¼mo)*

Fig. 201

Fig. 200.

Fig. 204 *(Ech. ¼)*

Fig. 205.

Fig. 203.

Paris THÉODORE LEFÈVRE Editeur

2. rue des Poitevins.

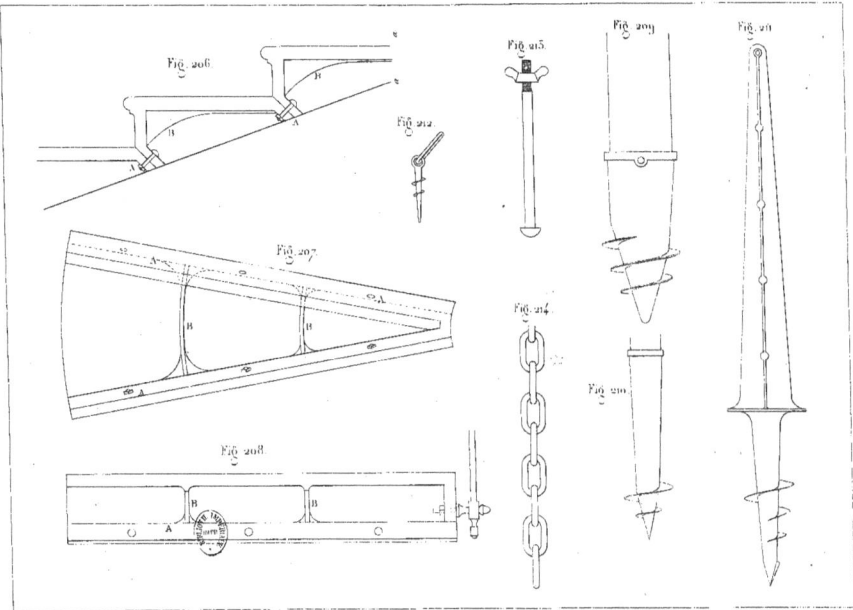

Pl. 31.

Fig. 206.

Fig. 207.

Fig. 208.

Fig. 213.

Fig. 212.

Fig. 214.

Fig. 215.

Fig. 209.

Fig. 210.

Fig. 211.

Paris. THEODORE LEFÈVRE, Éditeur.
2. rue des Poitevins.

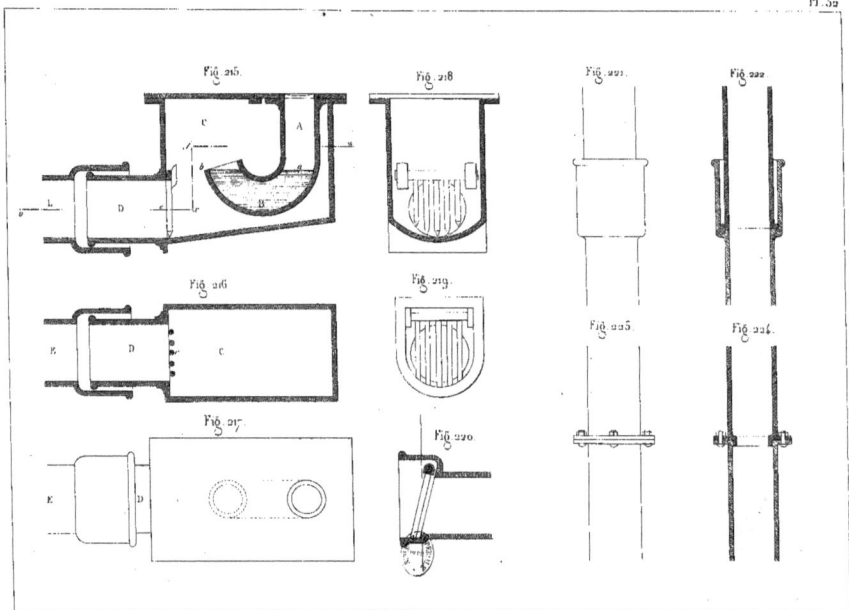

Pl. 52

Fig. 215.

Fig. 218.

Fig. 221.

Fig. 222.

Fig. 216.

Fig. 219.

Fig. 225.

Fig. 224.

Fig. 217.

Fig. 220.

Paris. THÉODORE LEFÈVRE, Éditeur.

a, rue des Poitevins.

Paris. Proust, Imp. r. de Méddecine 46.

Pl. 33.

Fig. 225.

Fig. 227.

Fig. 230.

Fig. 226.

Fig. 236.

Fig. 229.

Fig. 228.

Fig. 233.

Fig. 234.

Fig. 232.

Fig. 231.

Fig. 235.

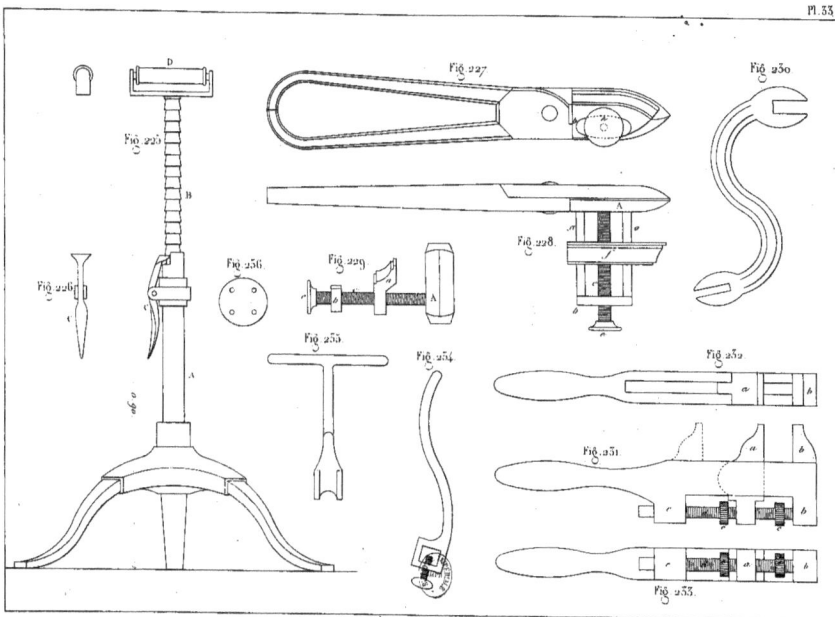

Paris. THÉODORE LEFÈVRE Éditeur
2, rue des Poitevins.

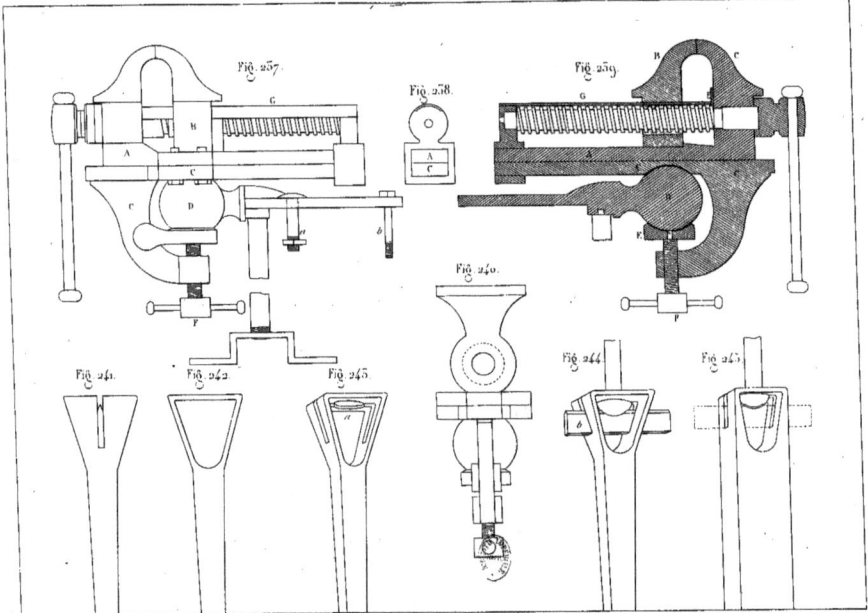

Pl. 34.

Fig. 257.

Fig. 258.

Fig. 259.

Fig. 240.

Fig. 241.

Fig. 242.

Fig. 245.

Fig. 244.

Fig. 245.

Paris. THÉODORE LEFÈVRE, Éditeur.

9. rue des Poitevins.

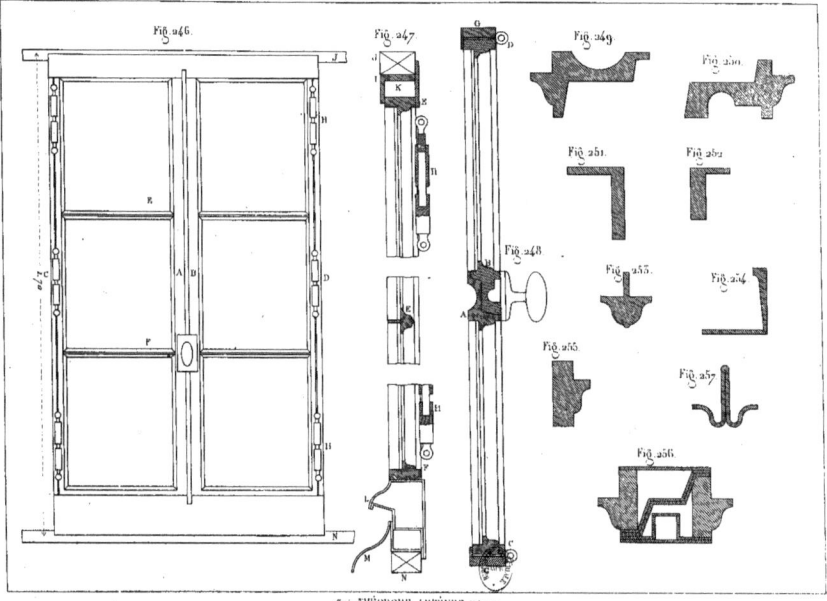

Pl. 55.

Fig. 246.   Fig. 247.   Fig. 249.

Fig. 250.

Fig. 251.   Fig. 252.

Fig. 248.   Fig. 253.   Fig. 254.

Fig. 255.

Fig. 257.

Fig. 256.

Paris. THÉODORE LEFÈVRE, Éditeur.
a, rue des Poitevins.

Paris. Imp. Frault. r. de Madame. 16.

Pl. 36.

Fig. 258.

Fig. 259.

Fig. 260.

Fig. 263.

Fig. 264.

Fig. 261.

Fig. 265.

Fig. 262.

Fig. 266.

Fig. 267.

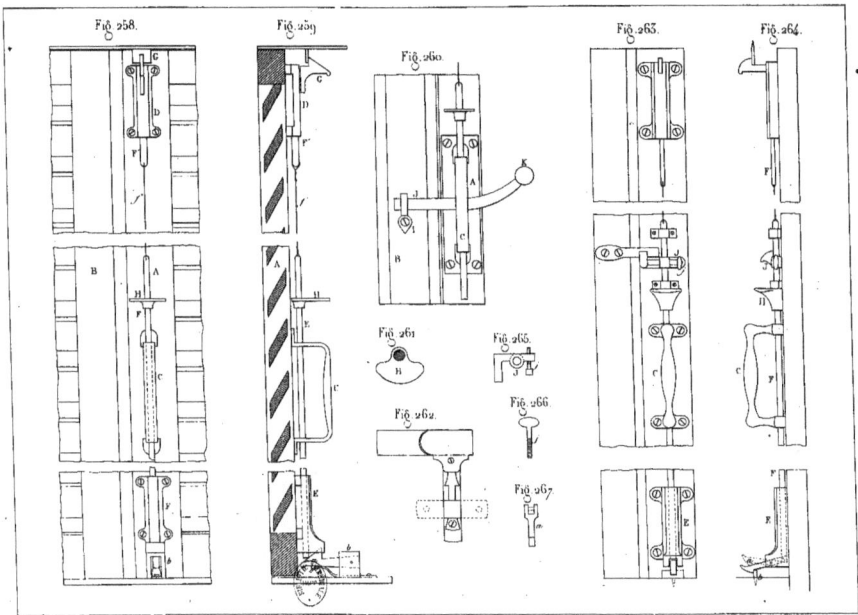

Paris THÉODORE LEFÈVRE Editeur.
2 rue des Poitevins.

Pl. 57.

Fig. 268.

Fig. 269.

(Ech: ½)

Fig. 270.

E

C   D   B

E

Fig. 271.

Fig. 272.

Fig. 273.

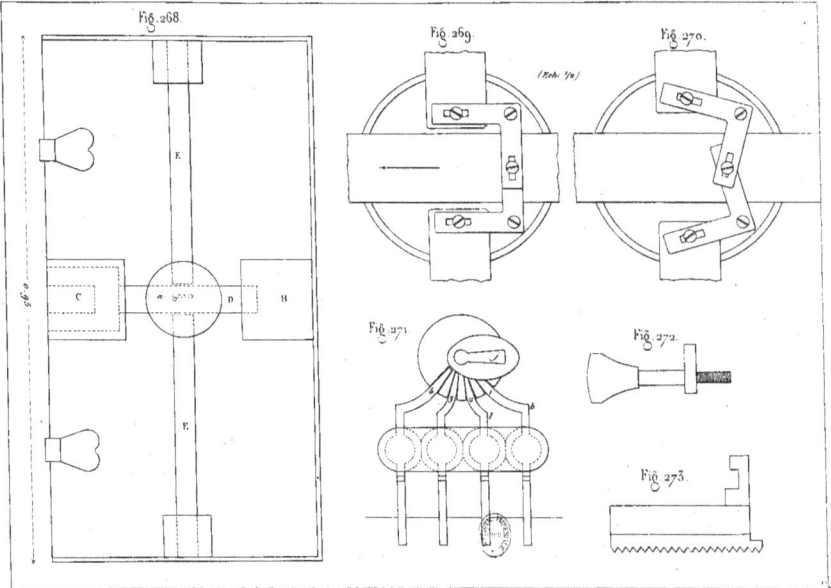

Paris. THÉODORE LEFÈVRE, Éditeur.
u, rue des Poitevins.

Paris. Imp. Pinault e de Medares ci.

Pl. 58.

Fig. 274. *Grandeur d'exécution*

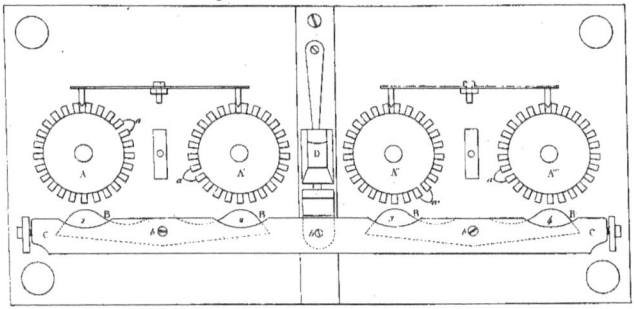

Fig. 275.

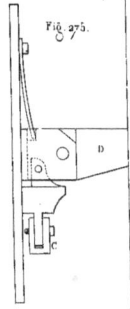

Fig. 277.

Fig. 278.

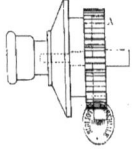

Fig. 279.

Fig. 276.

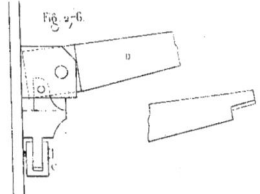

Paris. THÉODORE LEFÈVRE, Éditeur.
2, rue des Poitevins.

Pl. 59.

Fig. 280.

Fig. 281.

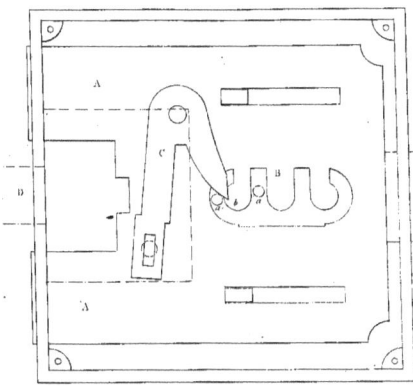

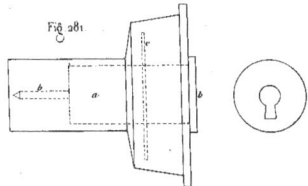

Fig. 283.

Fig. 282.

Fig. 285.

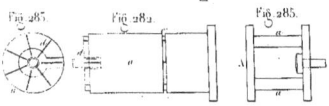

Fig. 289.

Fig. 286.

Fig. 287.

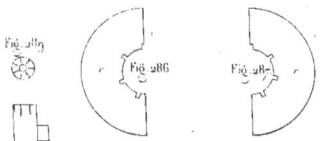

Fig. 288.

Fig. 290.

Fig. 284.

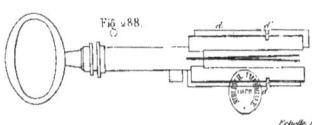

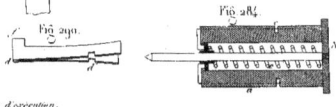

Échelle Grandeur d'exécution.

Paris, THÉODORE LEFÈVRE, *Éditeur.*
2, rue des Poitevins.

Pl. 40

Fig. 291.

Fig. 292.

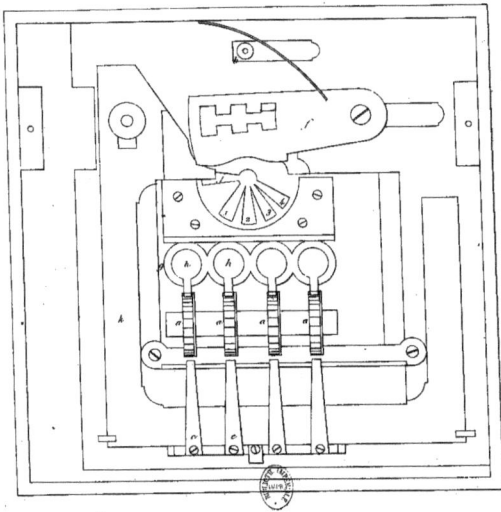

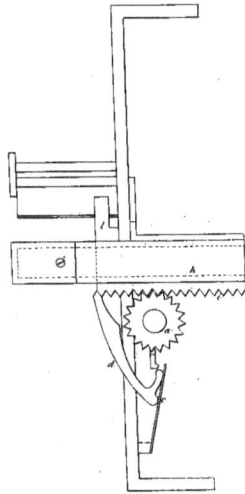

Echelle Grandeur d'exécution.

Paris. THÉODORE LEFÈVRE, Éditeur.
4. rue des Poitevins.

Pl. 41.

Fig. 295.

Fig. 294.

Fig. 296.

Fig. 297.

Fig. 298.

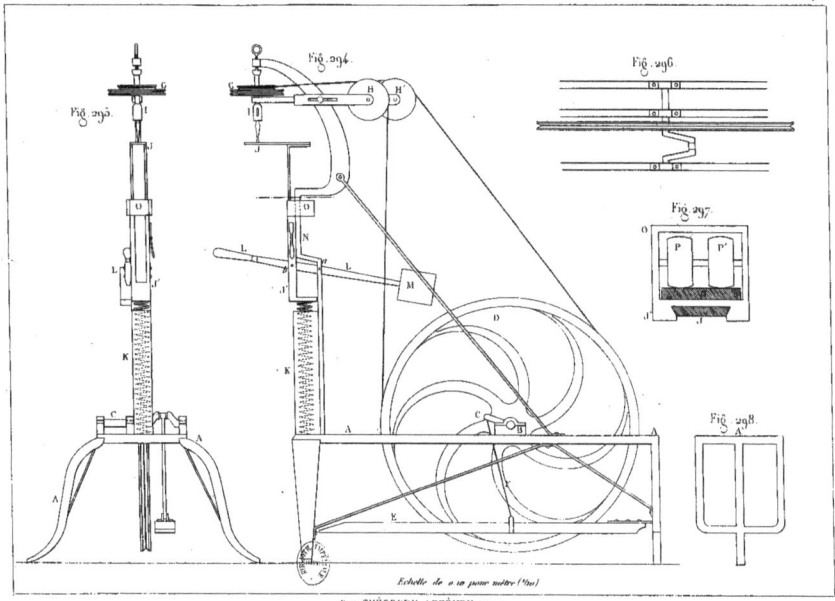

Echelle de o.10 pour mètre (0m)

Paris. THÉODORE LEFÈVRE, Éditeur.
2. rue des Poitevins.

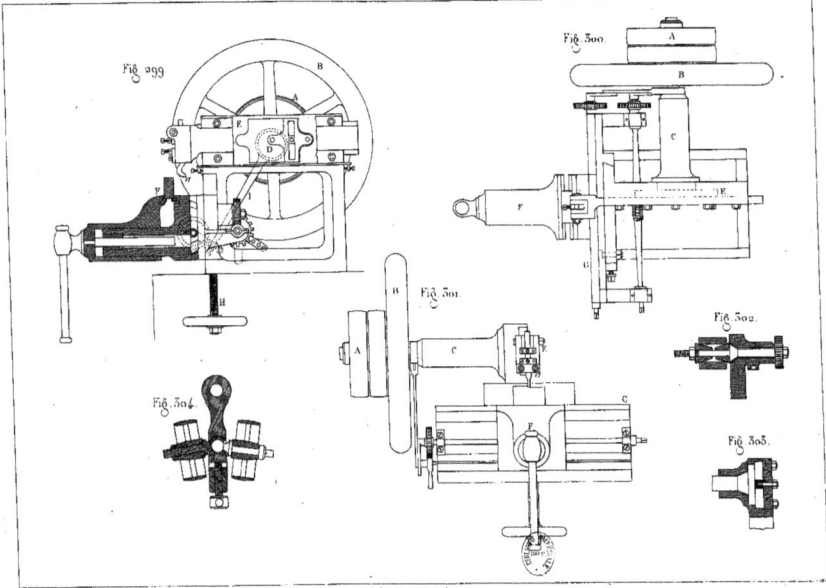

Pl. 62.

Fig. 299

Fig. 300

Fig. 301

Fig. 302

Fig. 303

Fig. 304

Paris. THÉODORE LEFÈVRE, Éditeur.
2, rue des Poitevins.

Paris. Imp. Fraillé & de Moulaine.

Fig. 305.

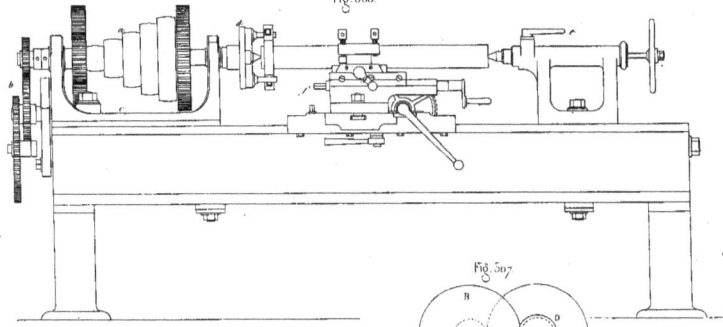

Fig. 307.

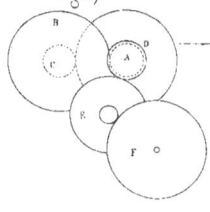

Fig. 308.

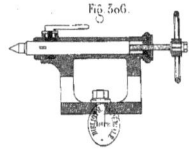

Fig. 306.

Paris. THÉODORE LEFÈVRE Éditeur.
2, rue des Poitevins.

Pl. 44.

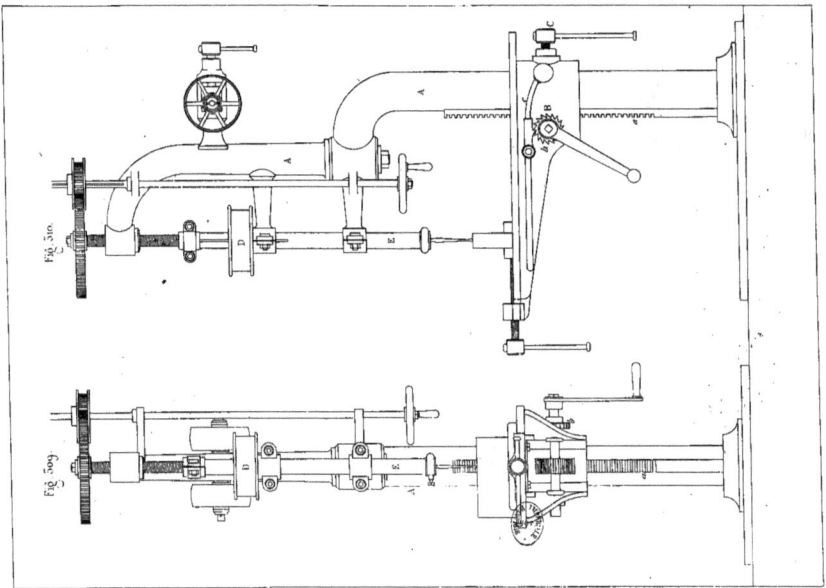

Fig. 310.

Fig. 309.

Paris THÉODORE LEFÈVRE, Éditeur.
2 rue des Poitevins.

Pl. 45.

Fig. 511.

Fig. 512.

Fig. 513.

Fig. 517.

Fig. 514.

Fig. 515.

Fig. 518.

Fig. 516.

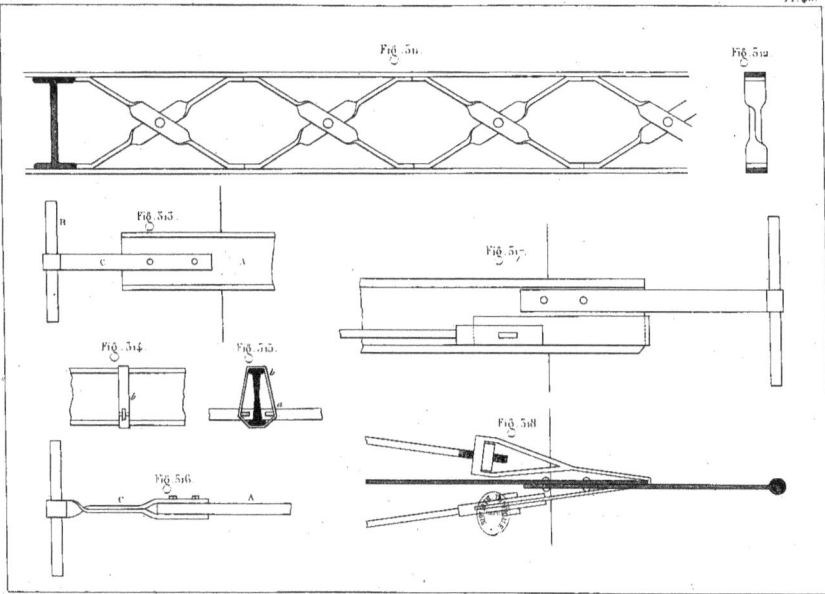

Paris THÉODORE LEFÊVRE, Éditeur.
9, rue des Poitevins.

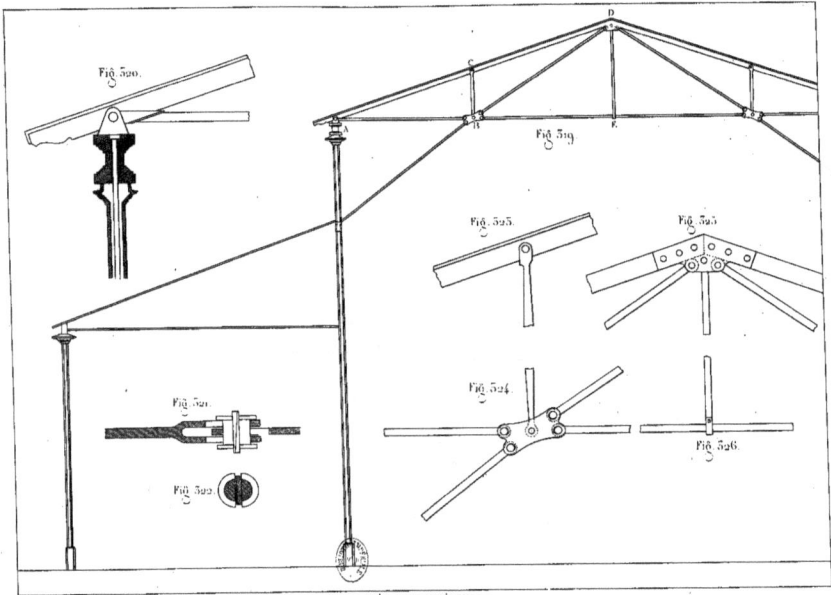

Fig. 520.

Fig. 519.

Fig. 523.

Fig. 525.

Fig. 524.

Fig. 521.

Fig. 522.

Fig. 526.

Paris. THÉODORE LEFÈVRE Editeur.
2, rue des Poitevins.

Paris, Imp. Firmelt e de Madame, 1x.

Fig. 327.

Fig. 328.

Fig. 329.

Fig. 330.

Fig. 331.

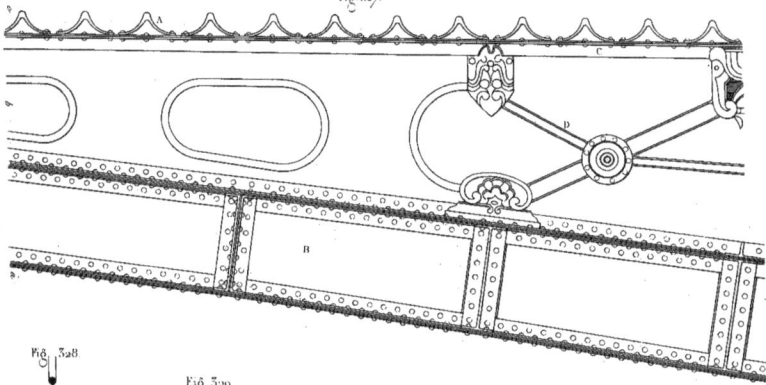

Echelle de 0.05 pour mètre 1/20

Paris THÉODORE LEFÈVRE, Éditeur.
2 rue des Poitevins.

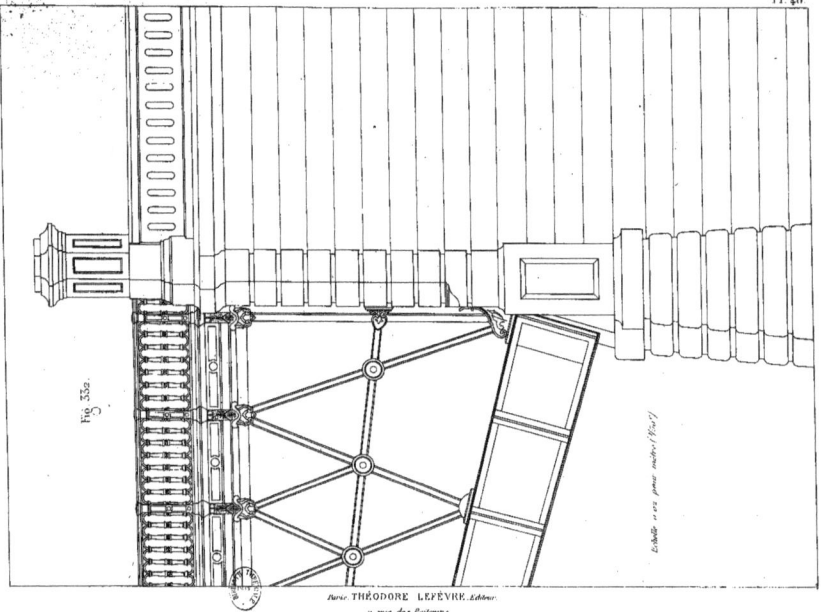

Pl. 48

Fig 332

Échelle o m.o1 pour mètre (¹/₁₀₀)

DESSIN LINÉAIRE ET INDUSTRIEL

Recueil de machines les plus intéressantes et les plus utiles, dessinées et gravées par CHAUMONT, pouvant servir de dessin linéaire appliqué à la ... accompagnées de notices descriptives, et précédées d'une introduction sur les principes généraux de la mécanique. 1 vol. de 50 planches dont deux doubles, ... oblong sur grand jésus. Cartonné. . . . . 9 »

Cours (huit) élémentaire de géométrie et de dessin linéaire, à l'usage des commençants. 1 vol. in-8° oblong sur jésus. Douze planches et texte. 1 75

Cours de perspective à l'usage des pensions et des écoles élémentaires, dessiné par PERDOUX. Douze planches et texte in-8 oblong sur jésus. 1 75

Cours gradué de dessin linéaire appliqué aux machines et instruments agricoles, dessiné et gravé par Ch. BRIDE. Vingt-cinq planches avec texte explicatif, sur demi-raisin in-folio, cartonné. . . . . 5 »
— Chaque planche se vend séparément. . . . . » 20

le Vignole du serrurier, ou Cours de dessin appliqué à la serrurerie pratique; comprenant depuis le serrage d'appartement jusqu'à la grande construction, combles, planchers, ponts, par Ch. BRIDE. Précédé d'un texte explicatif. In-4° oblong, de quarante-huit planches sur jésus. Cartonné . . . . 8 »

le Vignole du charpentier. (Sous presse.)

Menuiserie pratique, contenant les principes de la géométrie, des détails sur les bois à employer, leur qualité et leur usage, la manière de les débiter; des modèles ... moulus perfectionnés; un taux des prix pouvant servir de base pour évaluer tous les travaux de menuiserie, orné d'un grand nombre de planches par DELAMARE, un volume in-18 cartonné . . . . »

Modèles de dessin linéaire, par DUBOIS, professeur à l'école industrielle de Genève. 1 vol. in-4° de quarante-huit planches, avec texte. 3 60

Vignole des propriétaires, ou les cinq ordres d'architecture, d'après J. BARROZZIO DE VIGNOLE, par MOISY père, suivi de la Charpente, Menuiserie et Serrurerie, par THOLLET fils. 1 vol. in-4°, contenant quarante-huit planches et cinq feuilles de texte. . . . . 4 »

Atlas universel de géographie ancienne et moderne, par VUILLEMIN. Cinquante cartes coloriées. Nouvelle édition, corrigée. Grand in-4° oblong, cartonné.
Prix. 7 50
— Le même, précédé d'une Introduction à l'étude de la géographie. . . . . 8 »
(Les cartes de cet Atlas viennent d'être presque entièrement regravées.)

Nouvel Atlas à l'usage des commençants, par VUILLEMIN. Contenant neuf cartes, grand in-4° oblong. Cartonné. 1 75
(Cet Atlas vient d'être entièrement regravé.)

Petit Atlas élémentaire, du même auteur, contenant neuf petites cartes. In-4°. . . . . 1 »

Livre des poids et mesures, par HOCQUART, un volume in-18 avec figures et tableaux. 1 75

Tableau des poids et mesures, contenant toutes les lois et règlements, dressé par VUILLEMIN. Une feuille colombier, coloriée. . . . . » 35

Secrétaire (le) de tous le monde, ou la correspondance usuelle par HOCQUART, 10° édition augmentée de formules à l'usage des maires, adjoints, gardes, etc., un vol. in-18. . . . . 1 25

SAINT-DENIS. — TYPOGRAPHIE DE A. MOULIN.

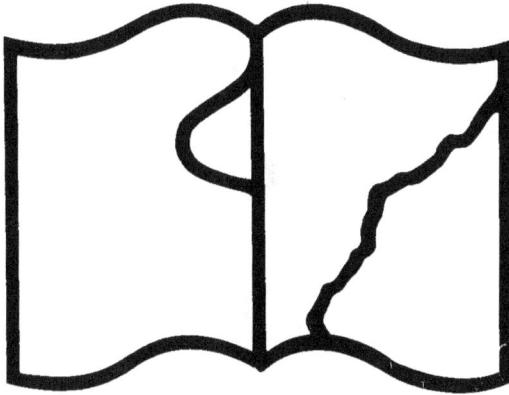

Texte détérioré — reliure défectueuse

NF Z 43-120-11

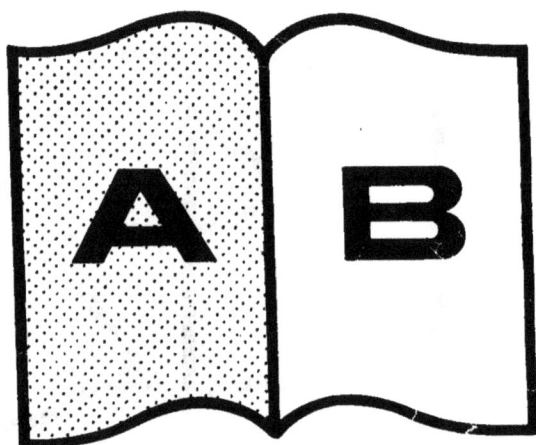

Contraste insuffisant

NF Z 43-120-14

www.ingramcontent.com/pod-product-compliance
Lightning Source LLC
Chambersburg PA
CBHW050611210326
41521CB00008B/1209